これからはじめる SQL 入門

池内孝啓［著］

技術評論社

はじめに

　SQLはデータベースを扱うために必要かつ重要な技術の1つです。1980年代に生まれたSQLはコンピュータの歴史の中では比較的古く、枯れた技術であるといえます。21世紀に入りソフトウェアやハードウェアの進歩は著しく、プログラミング言語やツールのトレンドは刻一刻と移り変わっています。しかしながらSQLは2018年においても、依然としてじつにさまざまな場面で利用されています。むしろ、かつてはシステム開発やデータベース管理者を専門とする職業に就く人々のための技術であったSQLが、営業やマーケティング部門の人々にも感心を持たれるようになり、ニーズが増大しているとさえいえます。読者のみなさんが本書を手に取ったのも、SQLを学ぶ必要性を感じられてのことでしょう。

　本書はSQLの基礎知識をひととおり学ぶことを目的として書かれた一冊です。データベースとはなにか、SQLとはなにかといったことに触れつつ、SELECT文やINSERT文などのSQLの構文を中心に解説を進めていきます。はじめてSQLを学ぶ方を対象としていますので、プログラミングやシステム開発に関する知識を前提としない内容になっています。同時に本書は、読者が本書を通読したあとに「SQL入門者」のレベルを脱していられるような情報量と難易度となっていることを狙って書かれています。基礎知識を体系だって解説することにあわせ、発展的な内容のトピックをコラム形式で随所に散りばめています。

　本書は、筆者が初心に戻り「自分がSQLを学び始めたときにこのような解説書があればよかった」と思える一冊に仕上げようという思いで筆を執ったものです。本書がSQLをはじめて学ぶ方の学習の手助けになること、SQLに対して苦手意識をお持ちのかたが再入門するきっかけになることを願っています。

　本書を作成するにあたり、実に多くの適切な助言を賜りました森本 哲也さん、中神 肇さん、角屋 道子さん、杉山 剛さん（順不同）へ、ここに感謝の意を表します。

2018年4月　池内 孝啓

付録DVD-ROMの使い方

　本書での学習に使用する仮想マシンイメージファイルとリストア用のSQLファイルを付録のDVD-ROMに収録しています。DVD-ROMをパソコンに接続したDVDドライブに挿入し、下記の内容が収録されていることを確認してください。各ファイルの使い方は、第2章のP.36、P.41で解説しています。また、本書の環境をはじめて使用する際には、「はじめにお読みください.pdf」の内容を必ず確認してください。

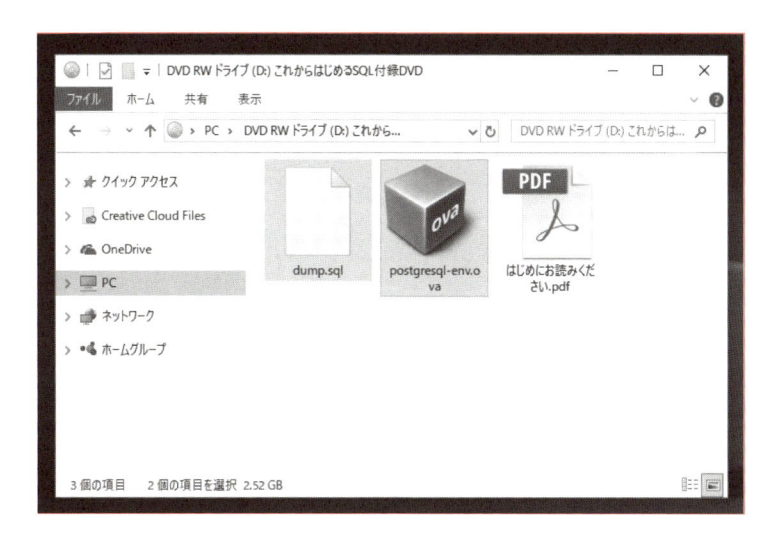

●収録内容

- ・ dump.sql
- ・ postgresql-env.ova
- ・ はじめにお読みください .pdf

目 次

目　次

Chapter 1

データベースとSQL

本章では、SQLとはそもそも何かといった基本的なことを説明していきます。まずはデータベースやデータベース・マネジメント・システムの概要について学んでいきましょう。

1-1

データベースとは

SQLはデータベースを操作するための問い合わせ言語です。SQLについて理解するために、まずデータベースとは何かについて知る必要があります。本節では、データベースおよび、データベース・マネジメント・システムについて解説します。

1-1-1 データベースとは

　データベースとは、**検索したり更新したりできるよう蓄積された情報の集まり**のことを指します。スマートフォンのメッセージサービスを利用して、友人とコミュニケーションをとる場面を想像してみましょう。はじめに「誰に」メッセージを送信するかを、コンタクトリスト（アドレス帳）から探し出します。コンタクトリストは、あなたがメッセージを交換できる対象が集められたデータベースといえます。誰にメッセージを送るかが決まったら、テキストや写真データを送信します。多くのメッセージサービスでは、送信済みのテキストや写真を「履歴」として後から読み返せます。後から読み返せるのは、テキストや写真がどこかに蓄積され、再び取得できるように管理されているからです。この履歴も、メッセージというデータを蓄積するデータベースといえます。データベースは身近なところに存在します。

▶**図1-1** データベースは身近なところに存在する

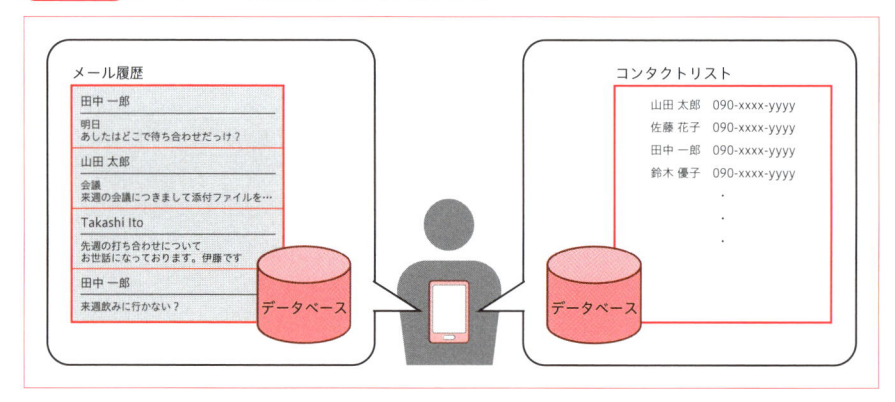

1-1-2 RDBMSとは

　データベースとしての機能を提供するしくみを、**データベース・マネジメント・システム（DBMS）** と呼びます。DBMSは、データベースを構築、管理、利用するための機能一式を提供します。

　データベースの中に、**リレーショナル・データベース（RDB）** と呼ばれる種類があります。RDBは、**関係モデル（リレーショナル・モデル）** というデータ構造を用いてデータを管理する方式のデータベースのことです。関係モデルは数学における「二項関係」を「n項関係」に発展させたものといえますが、本書でSQLを学び始めるにあたっては、関係モデルというデータ構造を扱うものがRDBであるという点のみを押さえておいてください。データベースの設計や、より本質的なSQLの理解を進める上で、関係モデルについてよく学ぶことをおすすめします。よくある誤解として、「複数の表」に関係性を持たせて利用できることがリレーショナル・データベースであるというものがあります。「リレーショナル」とはデータ管理と処理のモデルのことであり、テーブル同士の関係や関連を指すものではありません。

　DBMSのうち、RDBを扱うDBMSのことを**RDBMS（リレーショナル・データベース・マネジメント・システム）** と呼びます。DBMS同様、RDBを構築、利用するために必要な機能を提供するしくみのことを意味します。RDBMSは具体的には**ソフトウェア**という形式で提供されます。

　いくつかあるRDBMSのうち、本書では「PostgreSQL」を扱います。そのほかの代表的なRDBMSについては、後半で紹介しています。

1-1-3 テーブルの構成要素

　ここまでに、データベースは情報の集まりであることや、データベースを提供するしくみがDBMSであることを学びました。DMBSの中で、リレーショナル・データベースを扱うもののことをRDBMSと呼ぶことも学びました。データベースについてもう少し掘り下げます。

　データベースには、SQLを通じてアクセスできるさまざまな**モノ**が存在します。たとえば、**テーブル**や**列**が該当します。それらの**モノ**のことを**データベース・オブジェクト**と呼称します。代表的なデータベース・オブジェクトである**テーブル**について解説します。

　データベースでデータを扱うとき、どのようなデータを扱うかをはじめに考えます。本節冒頭でスマートフォンのメッセージサービスの例を取り上げ、コンタクトリスト

やメッセージの履歴がデータベースであると説明しました。本書では、サンプルデータベースとして「書籍」のデータベースを扱います。ここでは、書籍のデータベースを例として**テーブル**について説明します。

「書籍」のデータベースとは「どのような書籍を保有しているか」という情報の集まりを管理するものです。書店の在庫を想定してもよいですし、自分の本棚に並んでいる蔵書を想定してもよいです。

データを具体的に蓄積する役割を持つのが**テーブル**です。テーブルは**データの入れ物**であるといえます。書籍のデータベースを構築する場合、データの入れ物であるテーブルには書籍に関する情報を蓄積します。書籍に関する情報の例として、書名や著者名、刊行日や価格などが挙げられます。

テーブルを理解するはじめの一歩として、**表**を想像してください。下記の表1-1「書籍マスタ」は、書籍に関する情報を表にまとめたものです。

▶**表1-1** 書籍マスタ

書名	価格	刊行日
Pythonクローリング＆スクレイピング	3,200円	2016年12月16日
改訂2版 パーフェクトRuby	3,260円	2017年05月17日

表は、複数の**行**と**列**からなります。行が横軸、列が縦軸です。表の中には「書名」「価格」「刊行日」の3列があります。書籍「Pythonクローリング＆スクレイピング」に関する情報と「改訂2版 パーフェクトRuby」に関する情報がそれぞれ行として存在しています。2行×3列の表といえます。

▶**図1-2** テーブルの構成要素

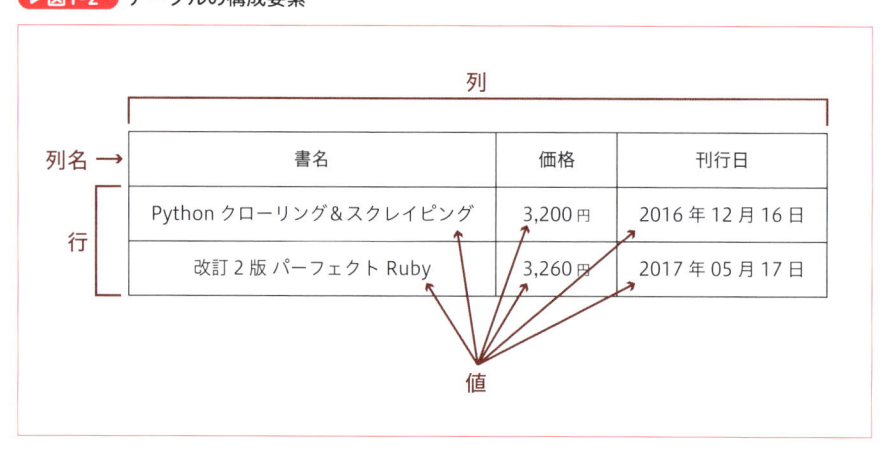

テーブルは表に近い存在です。表と同様に、テーブルは**行（row）**と**列（column）**を持ちます。列は、**列名（column name）**によって特定できます。**行**は「レコード」

と呼ばれることもあります。本書では「行」と表記します。**列**は「カラム」または「フィールド」と呼ばれることもあります。本書では「列」と表記します。

　行と列は、位置の概念を持たない点に注意が必要です。「上から2番目の行」や「価格列のすぐ右の列」といった考え方は、説明の便宜上用いられることはあってもテーブルの構成要素には含まれないものです。行と列の交わる1つのマス、「改訂2版 パーフェクトRuby」や「3,260円」などが、**値（value）**です。テーブルの構成要素のうち、書籍の情報として意味を持つのがこの**値**です。

　ここで説明したテーブルや行、列といった**データベース・オブジェクト**を利用して情報を扱っていく機能を提供するのが、RDBMSの提供する役割といえます。そして、データを取得したり登録したりするために利用されるのが、本書の主題でもある**SQL**です。この点については次節で解説します。

1-1-4 RDBMSの種類と特徴

　ここまでに、データベースとはどのようなものか、テーブルとはどのようなものかについて学びました。RDBを構築、利用するために必要な機能を提供するシステムがRDBMSであることも学びました。本節の最後に、RDBMSにはどのようなものがあるのか、著名なものからいくつかを紹介します。

●PostgreSQL

　PostgreSQL（https://www.postgresql.org/）は本書でSQLを学ぶにあたり利用しているRDBMSです。次に紹介するMySQLと並び、**OSS（オープンソース・ソフトウェア）**の中で双璧をなす存在です。1980年代から90年代にかけてPostgreSQLの原型となる「Postgres」が開発されました。当時知られていたIngresというデータベースシステムの次（Post）を狙うということから、遊び心で「Postgres」という名前が付けられました。その後、名称が現在の「PostgreSQL」にあらためられ、こんにちに至るまで、コミュニティとしての立場で開発が続けられてきました。商用RDBMSに引けをとらない多機能さから、ほかのRDBMSからの乗り換え候補として真っ先に挙げられるRDBMSでもあります。次節で解説する**標準SQL**の高いサポート率も強みです。2017年10月に、メジャーバージョンアップとなる PostgreSQL 10 がリリースされました。

●MySQL

　MySQL（https://www.mysql.com/）は非常にポピュラーなOSS RDBMSの1つです。2008年にSun Microsystems社がMySQLを買収し、その後OracleがSun Microsystems社を買収したことにより、MySQL は2018年4月時点でOracle社の傘下

にあります。Oracle社は後述する「Oracle Database」の開発元でもあります。PostgreSQLと比較すると、データベースの複製を作成・利用する「レプリケーション」の機能が扱いやすいという優位性があります。一方、Window関数が利用できないなど、SQLとしての機能の充実度では、PostgreSQLに軍配が上がります。日本でもユーザーが多いため、日本語の解説やトラブルシューティングの情報を入手しやすいというのもMySQLの強みです。

◉Maria DB

MariaDB（https://mariadb.org/）は、MySQLからフォークされたプロジェクトです。フォークとは「分岐する」という意味で、ソフトウェア開発の文脈では、プロジェクトのある時点からソースコードが派生し、独自に開発が続けられることを指します。MySQLとの互換性を考慮しつつ、新たなストレージエンジンオプション（Aria storage engine）の採用やクラスタリング構成のサポート（MariaDB Galera Cluster）など機能を強化していく方向で発展しています。

本書では、MySQLとMariaDBのどちらを採用するべきかについての言及は避けますが、MariaDBは2018年4月時点で、一定の支持を受けているRDBMSの開発プロジェクトです。

◉SQLite

SQLite（https://www.sqlite.org/）は組み込み型の軽量データベースです。SQLを通じてデータを操作できるという点では、MySQLやPostgreSQLと同じです。公式ドキュメント「Distinctive Features Of SQLite」には、SQLiteを特徴付けるキーワードとして以下のようなものが記されています。

- Zero-Configuration（設定いらず）
- Serverless（サーバ構築不要）
- Single Database File（単一のデータファイル）

PostgreSQLやMySQLなど多くのRDBMSでは、データベースのデータにアクセスするためにはデータベースサーバのプロセスを立ち上げておく必要があります。SQLiteの場合はその必要がありません。SQLiteフォーマットのデータベースファイルに、プログラミング言語やSQLiteに対応したクライアントからアクセスします。導入が比較的容易なことから、組み込み用途以外にも、簡易的なアプリケーションのデータベースやチュートリアル向けデータベースとして利用されることがあります。

◉Oracle Database

Oracle Database（https://www.oracle.com/database/index.html）はOracle社が

開発、提供する商用のRDBMSです。商用ということで、利用および運用にあたり
Oracle社の支援が受けられます。商用RDBMSなので、個人でOracel Databaseを利
用するケースはほぼないでしょう。汎用RDBMSとしてさまざまな用途に利用されて
いますが、特に大規模かつミッションクリティカルな場面で採用されています。

●Windows SQL Server

Windows SQL Server（https://www.microsoft.com/en-us/sql-server/）　は、
Microsoft社が開発、提供する商用のRDBMSです。SQL Server Management Studio
というでデータベースの管理および操作が行えるGUI（グラフィカル・ユーザーインタ
フェース）ツールが利用できる点、SQL Server Business Intelligenceという枠組みの
中で、Microsoft社の提供するソリューションと連携できる点に強みがあります。もと
もとは Windows Serverのみを動作の対象としていましたが、近年のMicrosoftで起こ
っているマルチプラットフォーム化の流れに乗り、Linux系のOSもサポートするよう
になりました。

本節では、データベースとはなにか、という基本的な内容について学びました。
データベースとは情報の集まりであること、データベースとしての機能を提供
するしくみが DBMS であることがわかりました。データベースにはリレーショ
ナル・データベース（RDB）という分類が存在すること、RDB の機能を提供す
る RDBMS にはいつくかの種類があることを解説しました。次節では、本書の
主題でもある SQL とは何かについての解説を行います。

1-2

SQLとは

本節では、データベースを操作するとはどういったことを指すのかといった、SQLを学びはじめるにあたり予備知識となる基本的な内容を解説します。SQLの歴史や規格についても取り上げます。

1-2-1 SQLの役割

SQLは、**データベースを操作するための問い合わせ言語**です。ここでいう「言語」とは、広い意味では「C」や「Python」のようなプログラミング言語に用いられる「言語」と同じ意味です。「コンピュータに対する命令」を記述する「プログラム」を記述するのがプログラミング言語であるとするならば、「データベースを操作する問い合わせ」を記述する言語がSQLであるといえます。

では「データベースを操作する」とは、具体的にどのようなことを意味するのでしょうか。下記のリスト1-1は、データベースのテーブルに登録されているデータを取得するためのSQLの例です。なお、本書ではテーブル名や列名などの識別子に日本語を用いない方針を採っていますが、導入として例外的に日本語を利用します。

▶ **リスト1-1** データを取得するSQL

```
SELECT "価格",
       "刊行日"
  FROM "書籍テーブル"
 WHERE "書名" = "改訂 2版 パーフェクト Ruby";
```

前節で解説に利用した、テーブルの構成要素の図説を再掲します。

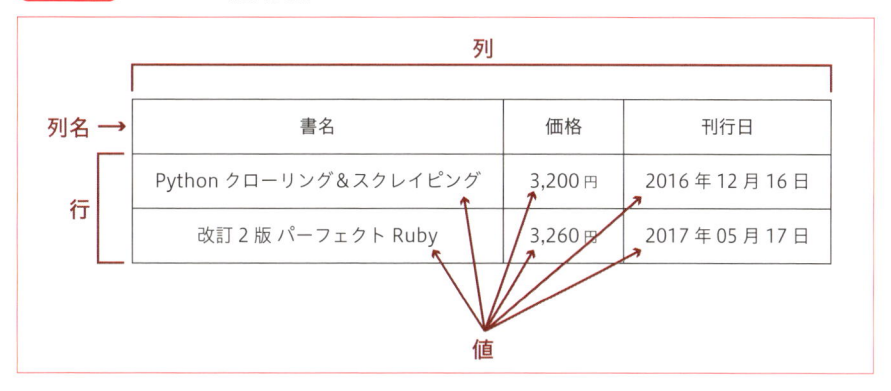

▶図1-3 テーブルの構成要素

上記のSQLの意味を整理すると、以下のようになります。

- **書籍**テーブルからデータを取得する
- 取得する行は**書名**が**改訂2版パーフェクト** Ruby である行とする
- 取得する列は**価格**列と**刊行日**列とする

上記の説明を図説したものを以下に示します。

▶図1-4 データを取得する SQL の図説

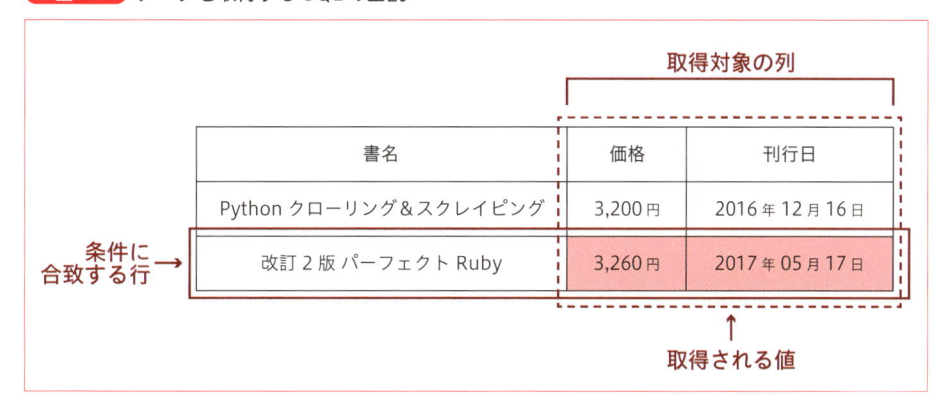

　SQLが行っている内容がイメージできるでしょうか。これが、**データを取得するという操作**です。操作の結果、「3,260円」と「2017年05月17日」という値が取得できます。

　もう1つSQLを示します。次のリスト1-2は、データベースのテーブルにデータを新しく登録するためのSQLの例です。

▶ **リスト1-2** データを登録するSQL

```
INSERT INTO "書籍" ("書名", "価格", "刊行日")
VALUES ('Pythonエンジニア ファーストブック', '2,400円', '2017年09月09日');
```

上記のSQLの意味を整理すると、以下のようになります。

- **書籍**テーブルにデータを登録する
- **書名**は Python **エンジニアファーストブック**、**価格**は 2,400 円、**刊行日**は 2017 年 09 月 09 日とする

上記の説明を図説したものを以下に示します。

▶ **図1-5** データを登録するSQLの図説

書名	価格	刊行日
Python クローリング＆スクレイピング	3,200 円	2016 年 12 月 16 日
改訂 2 版 パーフェクト Ruby	3,260 円	2017 年 05 月 17 日
Python エンジニア ファーストブック	2,400 円	2017 年 09 月 09 日

新規に登録される行 →

データベースに対して**データを登録するという操作**の結果、テーブルに行が新しく追加されます。

もう 1 つだけ SQL を紹介します。下記リスト 1-3 は、データベースに新しくテーブルを作成する SQL です。

▶ **リスト1-3** テーブルを作成するSQL

```
CREATE TABLE "お気に入りの書籍" (
  "書名"  VARCHAR(191),
  "購入日" DATE
);
```

上記の SQL の意味を整理すると、以下のようになります。

- **お気に入りの書籍**という名前のテーブルを作成する
- **書名**という名前の列と、**購入日**という名前の列を持つ

このように、データを取得したり登録したりするだけではなく、どのようなテーブ

ルを作成するかといったことも SQL の役割に含まれます。「データベースを操作する」とはさまざまな意味に解釈できる表現ですが、実際に SQL が担う役割は多岐にわたります。

1-2-2
SQLの歴史と規格

SQLには、**標準SQL** と呼ばれる規格が存在します。SQLの歴史は古く、最初にANSI（American National Standards Institute、アメリカ国家規格協会）が **SQL 86（ANSI X3.135-1986）** という規約として発表したのは、1986年です。1986年というと、家庭用インターネットや家庭用コンピュータ（パソコン）は広まっておらず、多くの人々がデータベースやプログラミングといったものとは縁遠い生活を送っていたころです。

ANSIによる規格前は統一基準が存在せず、DBMSごとに独自の実装が行われていました。規格が生まれ、別のDBMSであっても同じSQLを使って同じように利用できる世界が目指されることになりました。その後 国際標準化機構（ISO：International Organization for Standardization、https://www.iso.org/home.html） が標準SQLを規格として管理する役割を担い、2018年4月時点でも継続しています。

2018年4月時点で広く用いられるSQLに近しくなったのは1992年に制定された **SQL 92** になってからです。その後、数カ月から数年おきに規格が更新されてきました。2018年4月時点での最新の規格は **SQL:2016** です。SQLの規格の詳細については、25ページのコラムを参照してください。

1-2-3
SQLの規格と実装

SQLには標準規格があると説明しましたが、実は現存する（一定以上認知されている）RDBMSで、標準SQLに完全準拠したものは存在しません。標準SQLに定められた機能が実装されていなかったり、似た機能が別の形で提供されていたり、あるいはまったく独自の機能が提供されていたりします。標準SQLはあくまで規格であり、実体として存在しているものは、各RDBMSに実装された機能です。その意味で、私たちが触れることのできるSQLはあらゆるRDBMS間で統一的に利用できるものではありません。

しかしながら、標準SQLは各RDBMSから大いに参照されています。たとえば、PostgreSQLのバージョン10に関する文書では、標準SQLに対する対応状況の概要を以下のように説明しています。

PostgreSQL supports most of the major features of SQL:2011. Out of 179 mandatory features required for full Core conformance, PostgreSQL conforms to at least 160. In addition, there is a long list of supported optional features. It might be worth noting that at the time of writing, no current version of any database management system claims full conformance to Core SQL:2011.

　これによると、PostgreSQL10はSQL:2011のたいていの主だった機能についてサポートしており、適合範囲は必須機能の179個のうち少なくとも160個に及ぶとしています。

　PostgreSQL以外のRDBMSについても、対応度合いは異なるものの、基本的には標準SQLを参照し実装が進められています。したがって、あるRDBMSを利用して学んだSQLの知識がほかのRDBMSでまったく通用しないということはありません。標準SQLとの差分を過度に恐れる必要はありません。

1-2-4 本書で扱うSQLについて

　本書ではSQL学習のためのRDMBSとしてPostgreSQLを採用しています。本書中でSQLの例文を示すにあたり、標準SQLとして定められたものか、PostgreSQL独自の機能であるかということには逐一言及を行いません。私たちが実際に利用できるSQLはいずれかのRDBMSから提供されるものであるからです。上述の公式ドキュメントが説明するとおり、PostgreSQLが標準SQLの大半をサポートしており、逸脱の少ないRDBMSであることもこの理由です。

　したがって本書でSQLの解説を行うにあたり特に断りのない場合、「PostgreSQLにおいては」という接頭辞が省略されていることを気にとめておいてください。

　なお、本書でSQLを学んだ読者がPostgreSQL以外のRDBMSを利用したときに大きく戸惑うことのないよう、RDBMS間の構文の違いについて最低限の言及を行う場合もあります。

1-2-5 SQLの構成要素

　SQLの歴史と規格について学んだところで、SQLの構成要素に話を進めます。SQLの例を以下に示します。

```
SELECT isbn, title FROM book;
```

リスト1-4に示したのは、**SELECT文**と呼ばれる**構文（Syntax）**です。構文とは文の構成のことで、英語の場合「主語 + 述語」や「主語 + 動詞 + 目的語」などの文法の規則を定めたものが構文です。英語のように、SQLにも構文があります。構文があるため単語の位置を変えると意味が変わったり、不正なSQLとなり正しく実行できなくなったりします。

●SQLの分類

リスト1-4に示したSELECT文は、SQLの中で**DML（Data Manipulation Language = データ操作言語）**に分類される構文です。DMLのほかに、**DDL（Data Definition Language = データ定義言語）**や**DCL（Data Control Language = データ制御言語）**があります。

DMLはデータベースからデータを取得したり、データを登録したりするために利用するSQLです。SQLの初学者はDMLを中心に学ぶことになります。本書では第3章、第4章、第7章、第8章、第10章がDMLに関する解説にあてられます。

DDLはデータベースでどのようなデータを扱うか、またどのようにデータを扱うかについて定義を行うためのSQLです。本書では第11章でDDLに関係するSQLの解説を行います。

DCLはデータに対するアクセス権限を管理するといったデータ制御に関する処理を行うSQLです。DCLは本書の解説の対象外としています。

ほかに、トランザクション管理に関する処理を行うSQLが**TCL（Transaction Control Language）**として独立して分類される場合もあります。トランザクションについては第10章で解説します。

●文と句

SQLの構文に話を戻します。SQLは何らかの文字で始まり、セミコロン（;）で終了します。セミコロンは文章を区切る句点（。）やピリオド（.）のようなものです。セミコロンで区切られる、1つのSQLの記述を**文（Statement）**と呼びます。**文**の構成要素として、**句（Clause）**があります。

リスト1-4の場合、SELECTという単語から始まっています。この構文全体が**SELECT文**であることを示しています。SELECT isbn, titleの部分が**SELECT句**に該当します。**SELECT文**の中に**SELECT句**があるというややわかりづらい構造ですが、実際に**文**や**句**の存在を意識する必要はそれほどないのであまり難しく考えないでください。本書では使い分けて表記するのでここで解説しました。FROM bookは**FROM句**という句に

該当します。このSQLはSELECT文であり、SELECT句とFROM句からなるということがいえます。

SQLのほかの例を以下に示します。

▶リスト1-5 SQLの例（複数の文）

```
SELECT isbn, title FROM book; INSERT INTO book (isbn, title) VALUES ('123', 'abc');
```

このリスト1-5もリスト1-4同様に1行でSQLが記述されたものですが、よく見ると途中に FROM book; とセミコロンがあります。行末にも (isbn, titel); とセミコロンがあります。セミコロンは文の区切りを意味するので、リスト1-5には**2つの文**が含まれるということになります。1つは、SELECTから始まるSELECT文、もう1つは INSERTから始まる**INSERT文**です。INSERT文は、SELECT文と同じくDMLに分類されるSQLの1つです。このINSERT文は、**INSERT INTO句**と**VALUES句**で構成されています。

繰り返しになりますが、ことさら文と句についての違いを意識する必要はありません。文と呼ばれるときは全体を指し、句と呼ばれるときは文のうちの一部分を指しているという程度の理解で問題ありません。

◉キーワードと識別子、値

SELECT isbn, titleのうち、SELECTは**キーワード（keyword）**に該当します。キーワードとは、SQLの構文としてあらかじめ定義された単語であるということです。このことから**予約語**とも呼ばれます。SELECTやFROMなど、SQLとして意味を持って使われる単語がキーワードです。第6章で解説する**関数名**についてもキーワードに含まれます。

isbnやtitleは**識別子（identifier）**です。テーブル名や列名など、データベース・オブジェクトを特定するための名前が識別子です。識別子はユーザーが定義できるものもあります。その際キーワードと重複する名前は付けられません。正確には重複した名前を付ける方法もあるのですが、混乱のもととなるので避けられるのが一般的です。

VALUES ('123', 'abc')のうち、VALUESはキーワードです。括弧の中の'123' および'abc'は**値（value）**です。値はデータベースに登録されるデータそのものを指します。キーワードの一覧はPostgreSQLの公式ドキュメント（https://www.postgresql.org/docs/10/static/sql-keywords-appendix.html）に記載があります。

◉スペースと改行

キーワードや識別子、値の間にはスペースが必要です。スペースを省き SELECTisbn,titleFROMbook;としてしまうと正しいSQLとして認識されません。識別

子や値を列挙した際の区切りを意味するカンマ（,）の前後にはスペースは不要などの細かなルールはあるものの、基本的に各構成要素はスペースで区切ります。英文の英単語がスペースによって区切られているのと同様です。また、スペースは改行で代用できます。以下に示すのは、改行を含むSQLです。

▶ リスト1-6 SQLの例（改行）

```
SELECT
isbn,
title
FROM
book;
```

　リスト1-6は、働きとしてはリスト1-4と等価です。スペースや改行は複数連続して入力した場合でも、1つ入力した場合と同等の働きになります。スペースや改行の入り交じったSQLを示します。

▶ リスト1-7 SQLの例（改行とスペース）

```
SELECT
  isbn,   title

FROM
 book
 ;
```

　リスト1-7はところどころでスペースが複数個続いていたり、空行が含まれていたりしますが、効果はリスト1-4と同じです。

◉コメント

　SQLでは--に続けて入力した文字は**コメント**として扱われます。コメントとは、SQLの読み手に情報を伝えるための補足情報として用いられ、コメントとして書かれた部分はSQLとして実行されなくなります。下記にコメントを含むSQLの例を示します。

▶ リスト1-8 SQLの例（コメント）

```
SELECT
isbn,
title
-- これはコメントです。
FROM
book;
```

　4行目がコメントです。リスト1-8はコメントを1行だけ記述しましたが、コメントは複数行続けることもできます。1行1行に--を書いてもよいですが、始めを/*、終わりを*/とすることで、複数行にわたるコメントを記述できます。

▶リスト1-9 SQLの例（複数行のコメント）

```
SELECT
isbn,
title
/* これは
   複数行のコメントです */
FROM
book;
```

1-2-6 本書におけるSQLの表記

　SQLの構文の基本ルールがわかったところで、本書におけるSQLの表記について説明します。

　まず、**キーワードは大文字**で表記します。SQLのキーワードは、大文字か小文字かを区別しません。`FROM book`と`from book`は同じ意味です。本書ではキーワードであることを明確にするために大文字を採用します。識別子については、大文字と小文字が区別されるかどうかはRDBMSの実装および設定によります。本書では**識別子は小文字**に統一して表記します。可読性（人が見たときの読みやすさ）に配慮して、改行およびスペースによるインデント（字下げ）を適宜挿入します。コメントは重要な点に限り付与されることがあります。

　本書の規則に基づいてリスト1-5を記述し直すと以下のようになります。

▶リスト1-10 SQLの例（整形済み）

```
-- SELECT文 の例です
SELECT isbn,
       title
  FROM book;

-- INSERT文 の例です
INSERT INTO book (isbn, title)
VALUES ('123', 'abc');
```

　どのようにSQLの記述を整形するかを定めたルールを**コーディング規約**と呼びます。コーディング規約は、組織やチームにおいて、複数人がばらばらの書き方をせず統一的な記述を行うために役に立ちます。コーディング規約には（公式的に定められる場合を除いて）絶対的な正解はなく、利用者に委ねられます。個人としてSQLを学ぶ上では、コーディング規約や表記の一貫性について神経質になる必要はありません。組織やチームで共同作業を行う場合に、コーディング規約の有無や内容について確認するとよいでしょう。ただし、リスト1-7のように、何の法則性も配慮もない書き方は避けてください。

Column 標準SQLの規格文書

標準SQLの正式名称はISO/IEC 9075です。更新された年次がわかるよう、SQL:2011やSQL:2016と表記されます。本書で「標準SQL」と呼称する場合は「ISO/IEC 9075」全体を指します。具体的な文書を指す場合、年次入りの表記を用います。ISOの取りまとめた標準SQLに関する情報は、電子文書として公開されます。SQL:2016に関連する文書が入手できるURLの例を以下に示します（全文を入手するには文書を購入する必要があります）。

- ISO/IEC 9075-1:2016 Framework（SQL/Framework）https://www.iso.org/standard/63555.html
- ISO/IEC 9075-2:2016 Foundation（SQL/Foundation）https://www.iso.org/standard/63556.html

「ISO/IEC 9075-2:2016」は主に、SQLの構文とその意味について定める文書です。たとえば1156ページ「14.7 <select statement: single row>」において、「SELECT文」というSQLの構文の役割について、以下のように概要を定義しています。

Retrieve values from a specified row of a table.

対訳は「指定されたテーブルの行から値を取得します」となるでしょうか。SELECT文 を少しでも知っている方であれば違和感のない説明でしょう。

また、SELECT文のフォーマットについて以下のように定義しています。

```
<select statement: single row> ::=
    SELECT [ <set quantifier> ] <select list>
        INTO <select target list>
        <table expression>
<select target list> ::=
<target specification> [ { <comma> <target specification> }... ]
```

<table expression> は402ページ「7.4 <table expression>」で別途定められており、以下のようになっています。

```
<table expression> ::=
    <from clause>
        [ <where clause> ]
        [ <group by clause> ]
        [ <having clause> ]
        [ <window clause> ]
```

SELECT文で頻出する「from」や「where」が見受けられます。ここに引用したようなSQLに関する情報が記述されたものが標準SQLの規格文書です。

本節では、はじめにSQLの歴史と規格について学びました。SQLは発展の中で規格として整備されてきたことを説明しました。SQLを構成する要素についても学びました。SQLには「文」があり、「文」は「句」で構成されることがわかりました。座学的な内容はここまでとし、次節ではSQLを実行するための準備を行う環境構築について解説します。

Column クラウドコンピューティングとデータベース

　クラウドコンピューティングサービスの勢いが盛んです。クラウドコンピューティングサービスとは、コンピュータリソースを物理的なハードウェアとしてではなく、インターネットを通じたサービスとして提供するサービス形態の呼称です。クラウドコンピューティングサービスを提供する自由度の高い環境を手に入れるには、みなさんがノートPCやタブレットを購入するように、「サーバ」と呼ばれるハードウェアを購入してセットアップする必要がありました。クラウドコンピューティングサービスの登場により、ブラウザから数ステップの操作を行うだけで、必要な性能のコンピュータを用意できる時代になりました。レンタルサーバサービスやVPS（仮想プライベートサーバ）サービスはクラウドコンピューティングの「走り」といえます。個人向けや小規模なビジネス用途では、2018年4月時点でも従来型のサービスが利用されることがあります。クラウドコンピューティングをサービスとして提供するサービス・プロバイダには、Amazon Web Services（AWS）やGoogle Cloud Platform（GCP）、Microsoft Azureなどがあります。

　クラウドコンピューティングサービスの多くには、RDBMS を容易にセットアップし利用できるようにするしくみが備わっています。AWSであれば Amazon Relational Database Service （RDS、https://aws.amazon.com/rds/）、GCPであればCLOUD SQL（https://cloud.google.com/sql/?hl=ja）が該当します。RDSやCLOUD SQLは1-2で紹介したような、既存のRDBMSの機能そのものを提供するサービスです。自分でRBDMSをインストールしたり設定を行ったりする必要がない、利便性の高いサービスです。

　2018年4月時点では、その発展系ともいうべき新たなデータベースに関するサービスが多く登場しています。たとえば、AWSのAmazon Aurora（https://aws.amazon.com/jp/rds/aurora/details/）は、MySQLとの互換性を保ちつつ（MySQL互換エンジンのほか、PostgreSQL互換エンジンも提供されています）、大規模な利用にも適応できるようAWSが独自に開発したRDMBSです。Micrsoft Azureには、世界中のデータセンターでデータを分散管理できるCosmos DB（https://docs.microsoft.com/ja-jp/azure/cosmos-db/）があります。高性能な水平スケーリング機能を備えたGCPのCLOUD SPANNER（https://cloud.google.com/spanner/?hl=ja）も注目を集めています。

　より大規模なデータの管理に向いたDWH（データウェアハウス）向けのデータベースもクラウドで利用できるようになりました。DWHは、トランザクションを高速に管理することよりも、テラバイト、ペタバイトを超える大規模データをいかに効率よく管理するかという点に重きを置いたデータベースです。データをさまざまな軸で分析するビジネスインテリジェンス（BI）の領域で広く活用されています。クラウドDWHとしては、AWSの提供するAmazon Redshift（https://aws.amazon.com/jp/redshift/）やGoogleのBig Query（https://cloud.google.com/bigquery/）が人気です。Amazon RedshiftのSQLはPostgreSQLとの互換性に配慮して実装されているので、本書で学ぶ知識の多くが活かせます。

　データ分析用途に向いたTreasure Data社のTreasure Data（https://www.treasuredata.co.jp/）も利用事例の多いサービスです。RDBMSがクラウド上に存在

することは前提となり、そこから先、いかに既存の問題を解決したより優れたデータベースをクラウドコンピューティング上で提供するかという点で各社が競い合っています。

　このようにRDBMSを取り巻く状況も日進月歩ではありますが、サービスやツールが進化したしたとしても、本書で学ぶSQLの知識がすぐに陳腐化することはないと筆者は考えています。RDBMSは世界中で利用されており、RDBMSの代替品を新しく開発する場合でも既存のRDBMSユーザー完全に無視することはできないからです。ここで挙げたサービスの中だけでも、従来のRDBMSのデータを資産として継続的に利用できるよう、互換性や移行に配慮がなされた例を多く見いだせます。ほかにも、RDBMSの枠には収まらないツールが、SQLに似た構文をデータアクセスの手段として用意している例もあります。たとえば、Apach Hive（https://hive.apache.org/）や、Spark SQL（https://spark.apache.org/sql/）などが挙げられます。それだけSQLは普及しているのです。クラウドコンピューティング全盛の時代にもSQLは十分に活用できる技術です。本書でじっくり学んでください。

Chapter **2**

PostgreSQL環境の準備

これからSQLを学ぶためにはRDBMSの環境が必要です。本書ではRDBMSとしてPostgreSQLを選択しています。本章では、PostgreSQLの環境を整えるための手順を解説します。

2-1

環境構築

システム開発やプログラミングにおいて、プログラミング言語や ツール群を利用可能な状況にすることを環境構築と呼びます。本節では、PostgreSQL の環境構築について解説します。

2-1-1 構築する環境について

　本書では、PostgreSQL 10.1を使用して学習を進めていきます。また、本書では環境構築のツールとして VirtualBox を採用します。VirtualBox はオペレーティングシステム（以下、OS）の仮想環境を導入するために用いられるツールです。VirtualBox を使って導入する仮想環境には、すでに PostgreSQL がセットアップされており、学習に利用するデータも用意されています。仮想環境の場合、必要なデータベースを削除してしまうといった誤操作を行った場合でも環境ごと作り直すことで初期状態を復元できます。そのため、本書のようにソフトウェアとデータがセットで必要な学習環境を構築する目的に向いています。本節で VirtualBox を使った環境構築について案内します。

　PostgreSQL 環境をご自身で用意できる方に向けた参考情報として、データベースのリストアを行う方法を紹介します。PostgreSQLの導入方法に関する情報はインターネット上で多く見つけることができますので、VirtualBox を利用しない場合には、別途 PostgreSQL 環境を用意した上でデータのリストアを行ってください。

2-1-2 VirtualBox の導入

　以下のURLから、Windows用やmaxOS用、Linux用など各OSのインストーラが取得できます。お使いのOSに合ったインストーラをダウンロードしてください。

・ https://www.virtualbox.org/wiki/Downloads

●Windowsの場合

　Windowsへインストールを行う手順を解説します。macOSを使用している方は35ページに進んでください。

　ダウンロードしたインストーラ＜VirtualBox-5.2.4-119785-Win.exe＞をダブルクリックするとインストーラが起動します。図2-2の画面が表示されたら右下の＜Next＞を選択します（バージョンは更新されるため、バージョンの部分は異なる場合があります）。

▶図2-2 インストーラ①（Windows）

　図2-3の画面が表示されるので、右下の＜Next＞をクリックします。

▶図2-3 インストーラ②（Windows）

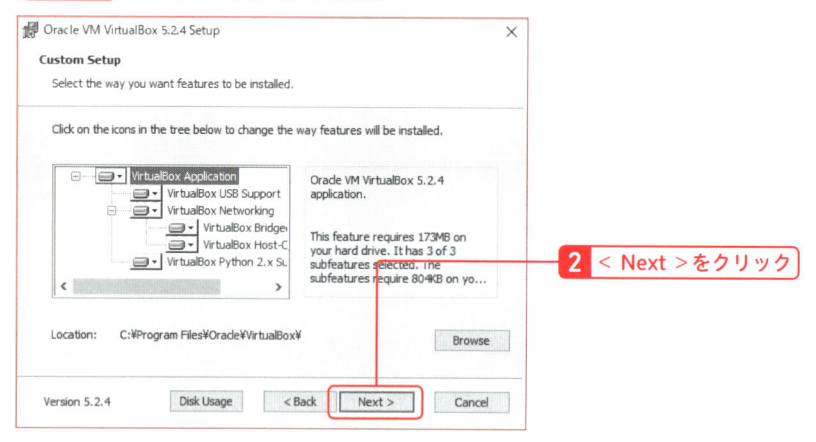

図2-4の画面が表示されます。すべてチェックしてあることを確認し、右下の＜Next＞をクリックします。

▶図2-4 インストーラ③（Windows）

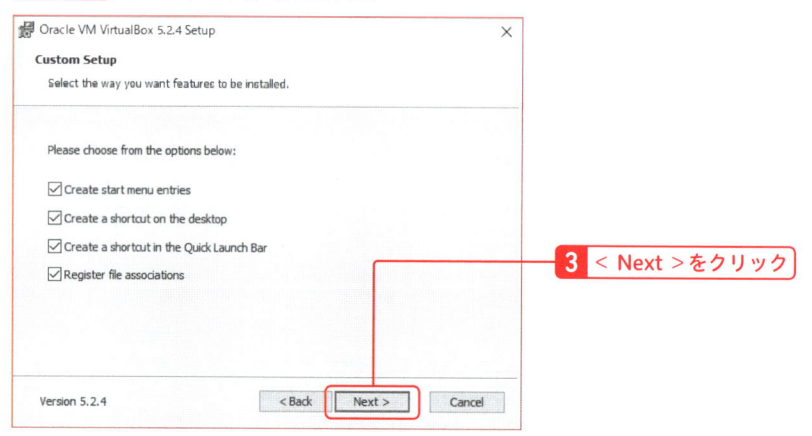

図2-5の画面が表示されました。ネットワークが一時的に切断されるという「Warning（警告）」が表示されています。ファイルのダウンロード中などでない場合は、右下の＜Yes＞をクリックして構いません。

▶図2-5 インストーラ④（Windows）

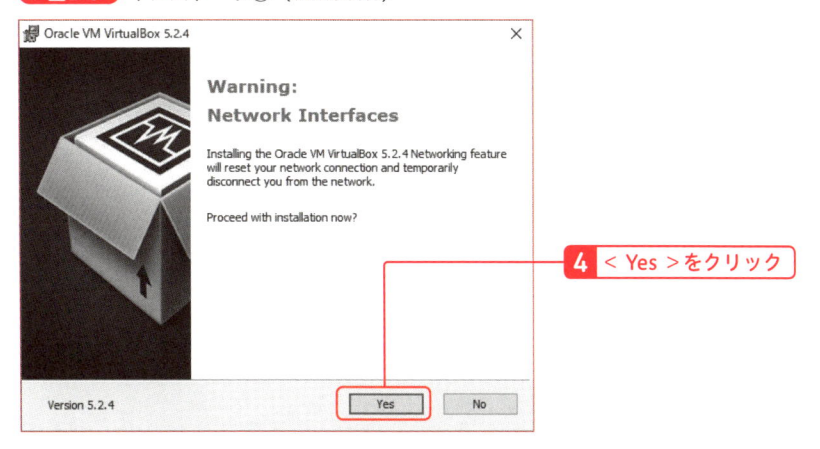

4 < Yes >をクリック

図2-6の画面が表示されるので、右下の＜Install＞をクリックします。

▶図2-6 インストーラ⑤（Windows）

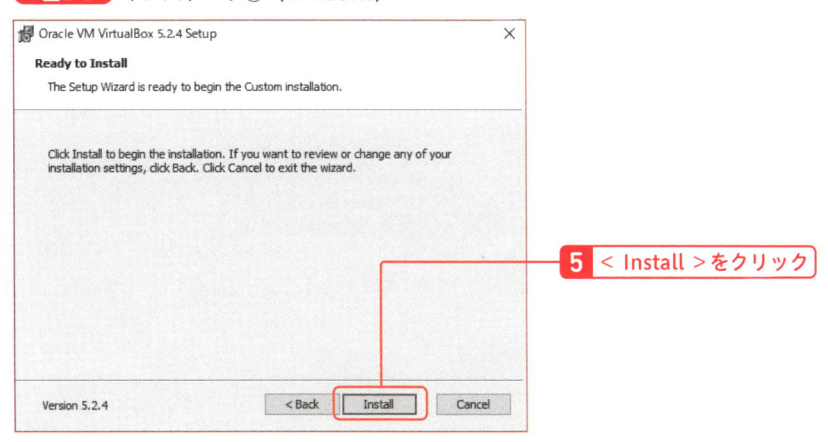

5 < Install >をクリック

ユーザーアカウント制御の画面が表示されるので、＜はい＞をクリックします。

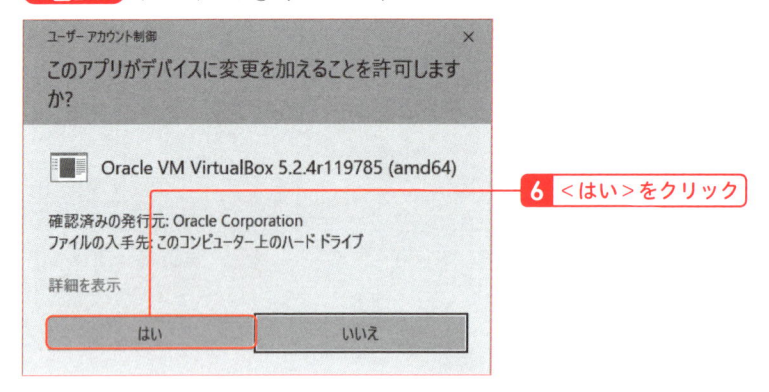

6 ＜はい＞をクリック

デバイスソフトウェアのインストール画面が表示されます。＜インストール＞をクリックします。

▶図2-8 インストーラ⑦（Windows）

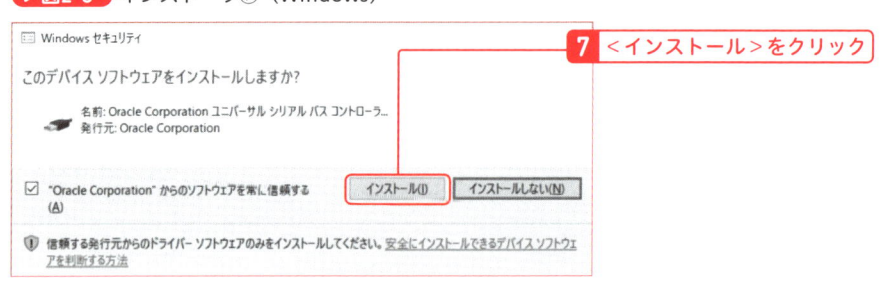

7 ＜インストール＞をクリック

インストールが進み、図2-9の画面が表示されたらインストールは完了です。

▶図2-9 インストーラ⑧（Windows）

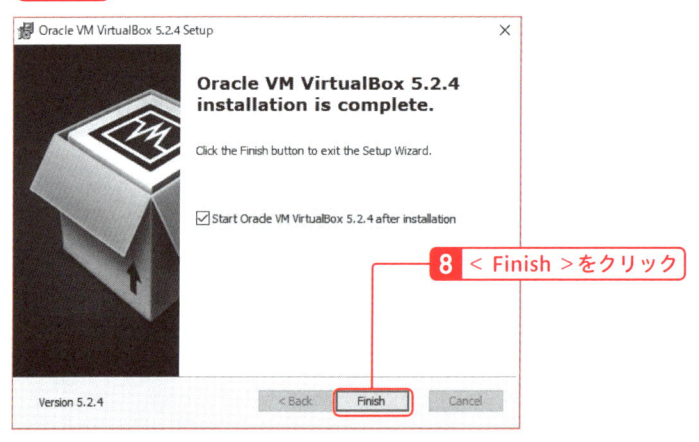

8 ＜ Finish ＞をクリック

以上でWindowsでのVirtualBox導入が完了しました。

◉macOSの場合

macOS用へのインストールを行う手順を解説します。Windowsと基本的に同じ手順でインストール可能です。

インストーラ＜VirtualBox-5.2.2-119230-OSX.dmg＞をダブルクリックするとインストーラが起動します。図2-10の画面が表示されたら右下の＜Continue＞を選択します。

▶図2-10 インストーラ①（macOS）

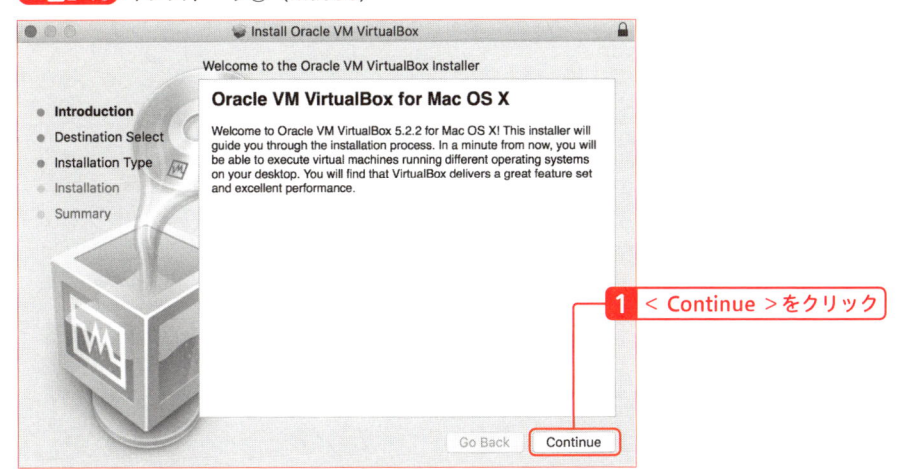

図2-11の画面で右下の＜Install＞を選択します。このときソフトウェアインストール権限を持ったmacOSユーザーのパスワード入力を求められます。パスワードを入力して次の工程に進んでください。

▶図2-11 インストーラ②（macOS）

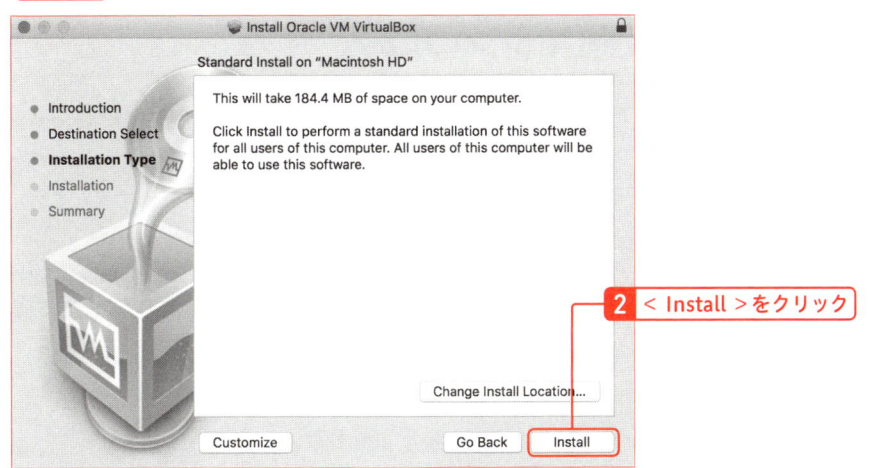

図2-12が表示されたらインストールは完了です。

▶ 図2-12 インストーラ③（macOS）

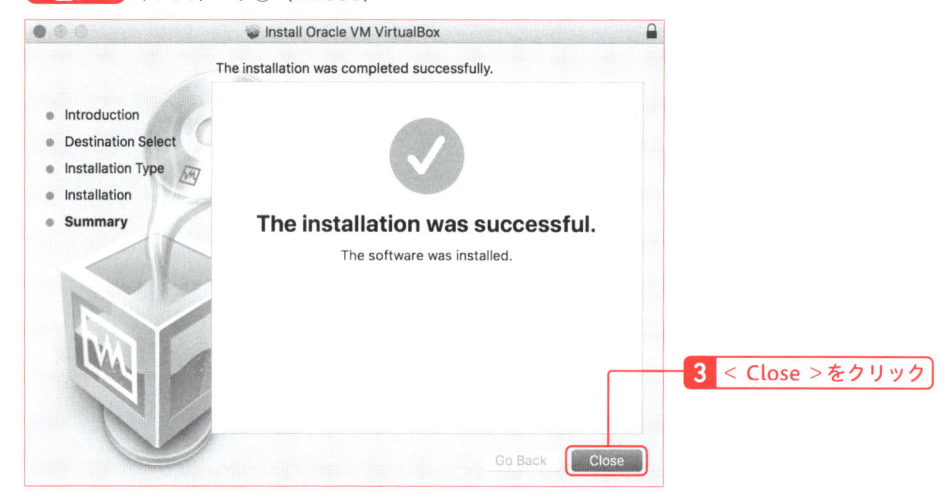

以上でmacOSでのVirtualBox導入が完了しました。

なお、本書の環境はVirtualBoxのバージョン5.2で動作確認を行っています。VirtualBoxの新しいバージョンがリリースされると、バージョン5.2がトップページからダウンロードできなくなる場合があります。その場合、以下のアーカイブページから、バージョン5.2のインストーラーをダウンロードして下さい。

・ https://www.virtualbox.org/wiki/Download_Old_Builds_5_2

2-1-3 学習用仮想マシンの導入

VirtualBoxをインストールしたことで、**仮想マシン（Virtual Machine、以下VM）** を導入できるようになりました。学習用に環境をセットアップ済みのVMを付録のDVDから取得してください。postgresql-env.ovaのファイルサイズは2.4GB程度です。

.ovaは、VirtualBoxにVMをインポートできるフォーマットのファイルに利用される拡張子です。postgresql-env.ovaを利用してVirtualBoxにVMをインポートします。postgresql-env.ovaをダブルクリックすると、インポートの設定ダイアログが表示されます。

右下の＜インポート＞（macOSでは＜Import＞）を選択するとインポートが開始されます。インポートには数分から十数分程度かかります。

▶図2-13 VMのインポート

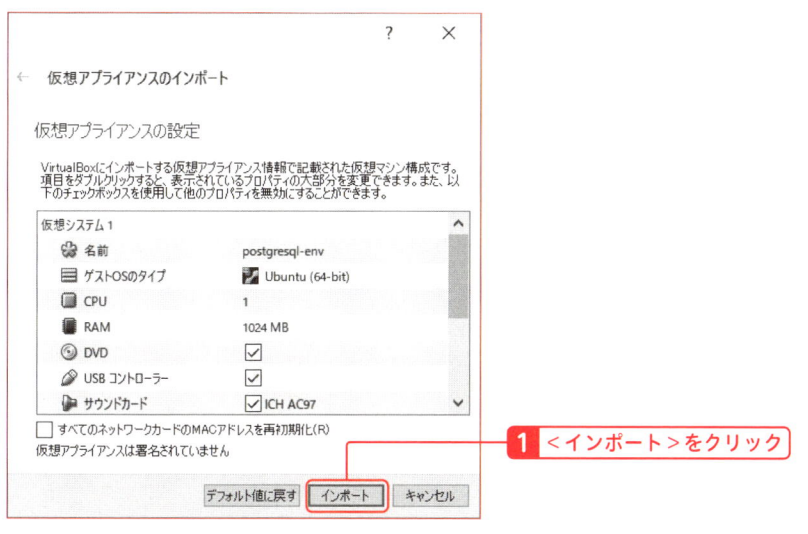

| 1 | ＜インポート＞をクリック |

インポートが完了すると、VirtualBoxのVM一覧に「postgresql-env」が表示されます。

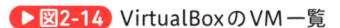
▶図2-14 VirtualBoxのVM一覧

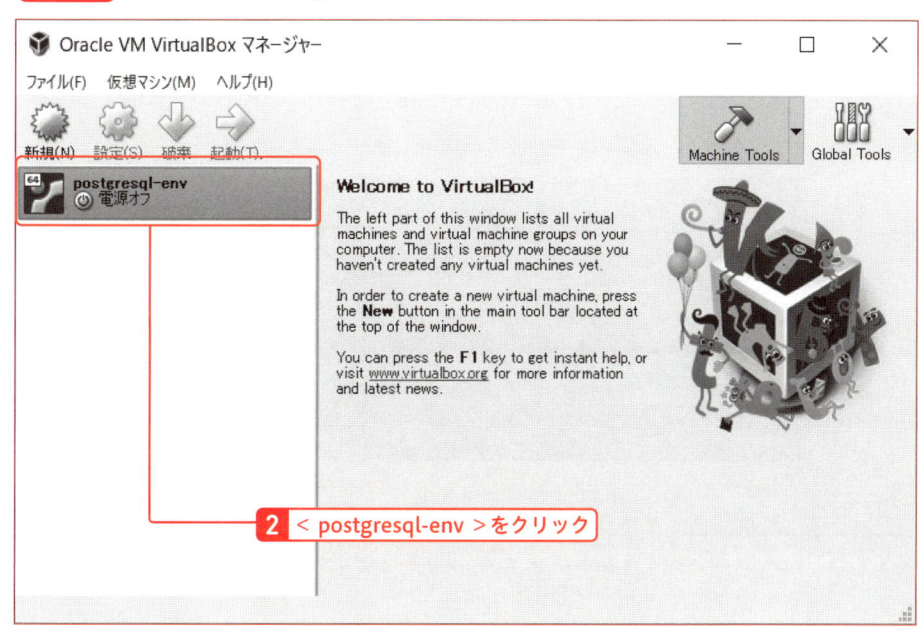

| 2 | ＜ postgresql-env ＞をクリック |

VMのアイコンをダブルクリックすると、VMを起動できます。初めてVMを起動

する場合、以下の確認ダイアログが表示される場合があります。＜次回からこのメッセージを表示しない＞（macOSでは＜Do not show this message again＞）にチェックを入れ、右下の＜切り替え＞（macOSでは＜Switch＞）をクリックしてください。

▶図2-15 Scaleモードの確認

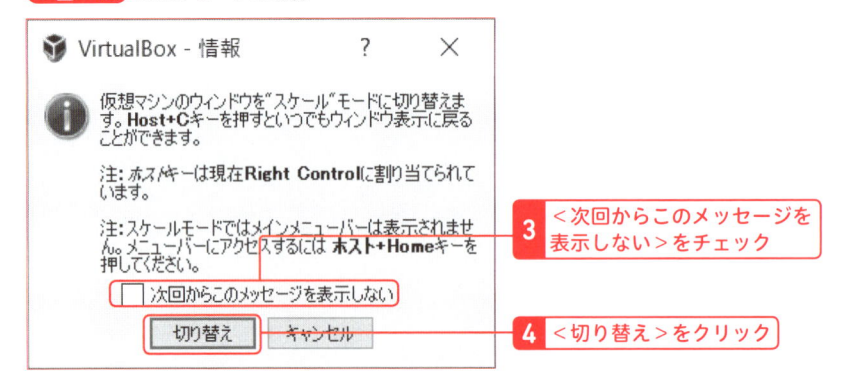

3 ＜次回からこのメッセージを表示しない＞をチェック

4 ＜切り替え＞をクリック

2-1-4 ログインとPostgreSQLへのアクセス確認

仮想マシンを起動すると、Ubuntu（本書で使用するLinuxベースのOS）に自動的にログインしデスクトップ画面が表示されます。本書では、Ubuntu上でデータベースの操作を行います。

▶図2-16 ログイン後のUbuntuデスクトップ

管理者ユーザーの情報は以下のとおりです。ログイン時にユーザー名とパスワードの入力は不要ですが、システムに関する設定を行う場合などにパスワードを求められる場合があります。

・ユーザー名：sql
・パスワード：sql

上記のユーザー名とパスワードはUbuntuへのアクセスのための情報です。PostgreSQLへアクセスするための情報とは異なります。

　ログイン後、ターミナル（端末）を立ち上げます。ターミナルを立ち上げるには、デスクトップのアイコンをダブルクリックします。

▶図2-17 Ubuntuデスクトップ上のターミナルアイコン

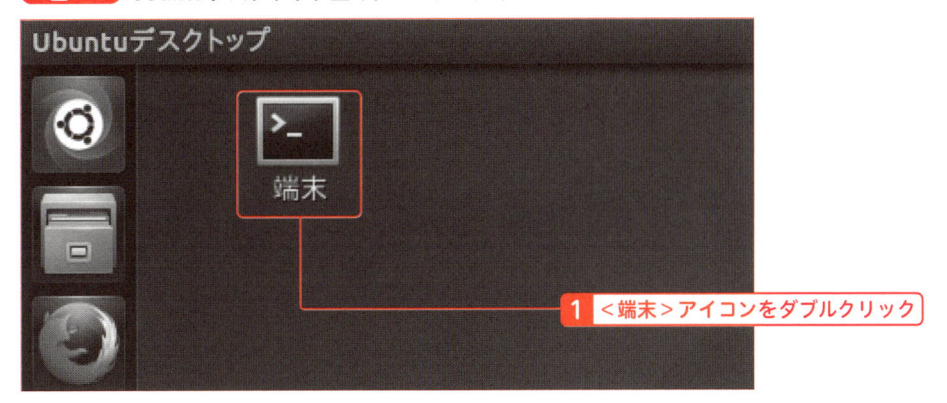

　ターミナルが表示されます。

▶図2-18 Ubuntuターミナル

　ターミナルで以下のコマンドを入力し、Enterキーを押します。先頭の「$」はターミナル（コマンドプロンプト）環境であることを示すために慣例的に用いられる記号で、実際に入力する必要はありません。psqlから始まるコマンドを入力してください。

▶リスト2-1 psqlコマンドでログイン

```
$ psql -h 127.0.0.1 -U user1 -d learning_sql
```

　上記のコマンドを実行すると、PostgreSQLにログインできます。なお、PostgreSQLの初期設定ではログイン時にパスワードを求められます。本環境ではパスワードを入

力せずにログインできるようあらかじめ設定してあります。

▶リスト2-2 psqlコマンドでログインに成功

```
Password for user user1:
psql (10.1)
SSL connection (protocol: TLSv1.2, cipher: ECDHE-RSA-AES256-GCM-SHA384, bits: 256,
compression: off)
Type "help" for help.

learning_sql=#
```

PostgreSQL へのログイン成功後、SQL が実行できることを確認するために **SELECT 1;** と入力し [Enter] キーを入力してください。

▶リスト2-3 PostgreSQLへ接続後の動作確認

```
learning_sql=# SELECT 1;
```

SELECT と **1** の間には半角スペースが必要です。末尾のセミコロン（;）を忘れずに付与してください。以下のように表示されれば、入力したSQLが正常に実行できています。

▶リスト2-4 PostgreSQLへ接続後の動作確認（実行確認）

```
 ?column?
----------
        1
(1 row)
```

PostgreSQL環境の作成と、ログインが行えました。

PostgreSQLからログアウトを行うには [Ctrl]+[D] キーを入力します。再びログインするにはリスト2-1のコマンドを利用します。

次節以降でSQLについて解説を行う場合、PostgreSQLにログインできている状態を前提とします。操作に慣れていない方は、ここで何度かログインとログアウトを繰り返し行ってみて、スムーズに学習に入れるようにしておきましょう。

データベースのリストア

　データベースの状態を保存しておくことを**バックアップ**、バックアップしたデータからデータベースの状態を復元することを**リストア**と呼びます。PostgreSQLの環境を自分で構築できる方や、すでにPostgreSQL環境がある場合には、リストアすることで本書で利用するテーブルやデータを利用できます。

　ここでは補足情報として、データベースをリストアする方法を解説します。PostgreSQL自体のインストール方法や、PostgreSQLユーザー作成などの解説は行わないので、参考情報としてご覧ください。

　リストア用のファイルには、付録DVDの「dump.sql」を使います。dump.sqlは以下のGitHubリポジトリでも公開しています。

・https://raw.githubusercontent.com/iktakahiro/sql-basic-book/master/data/dump.sql

　はじめに、リストア対象とするデータベースを作成します。PostgreSQLにログイン後、以下のコマンドを実行します。

▶リスト2-5 リストア対象のデータベースの作成

```
CREATE DATABASE learning_sql OWNER user1;
```

　上記のリスト2-5では、データベース名として `learning_sql` を指定しています。リストア対象のデータベースは任意に指定できますが、本書でこのデータベース名を指定して学習する箇所があるので、`learning_sql` としてください。`OWNER user1` でデータベースの所有者を `user1` に指定します。ほかのユーザーを指定したい場合は変更してください。所有者のユーザーで作成する場合は、所有者を省略できます。

　データベースを作成したらPostgreSQLからログアウトし、ダウンロードした「dump.sql」を利用してデータをリストアします。

　リストアを行うには以下のコマンドを実行します。なお「dump.sql」には、テーブルを削除する処理も含まれますので、リストア対象とするデータベースを誤って指定しないよう注意してください。

▶リスト2-6　リストアで実行するコマンド

```
$ psql -U postgres -h [接続ホスト] < dump.sql
```

[接続ホスト]にはPostgreSQLが稼働しているホストを指定してください。-h [接続ホスト]を省略すると-h localhostを指定した場合と同等になります。

リストアが成功すると、テーブルおよびテーブルのデータが作成された状態になります。

Column　環境構築やツールに関する補足情報

　本節ではVirtualBoxを利用してPostgreSQLの環境を構築する方法を紹介しました。VirtualBox以外にも、データベースの環境を構築する便利なツールが存在します。また、本書ではデータベースへのアクセスをターミナルから行っていますが、GUI（グラフィカル・ユーザー・インターフェース）からデータベースの操作を行えるクライアント・ソフトウェアも広く利用されています。

　以下のURLにPostgreSQLの環境構築や周辺ツールについての補足情報をまとめて掲載しています（随時更新）。「Docker」やGUIクライアントに興味のあるかたは参照してみてください。

・https://github.com/iktakahiro/sql-basic-book

本節ではPostgreSQLの学習環境を構築する方法について解説し、VirtualBoxとVMの導入方法について学びました。環境構築が整ったところで、次節からいよいよSQLの学習に入ります。

Chapter 3

データの取得と
絞り込み（SELECT）

SELECT文はデータベースのテーブルか
らデータを取得するSQLで、SQLの中
でも利用頻度の高い構文です。本章では、
基本的なSELECT文から解説を始めま
す。それからWHERE句を使ったデータ
の絞り込み、ORDER BY句を使ったデー
タの並べ替えについて学んでいきます。
複雑な条件を指定したデータの取得につ
いて学ぶ前に、本章で基本となる内容を
しっかり押さえておきましょう。

3-1 SELECT文を使って データを取得する

本節では、SELECT文を使ってデータベースからデータを取得する方法を解説します。まずは、絞り込みや並べ替えを行わない基本的なSELECT文を身に付けることを目標とします。ここからSQLの基礎をじっくり身に付けていきましょう。

3-1-1 SELECT文 の基本

　まずはじめに、SELECT文の全体像を見ていきましょう。以下に示すのは、書籍に関するデータベースである書籍マスタテーブルbookから、特定の条件で絞り込んだデータを取得するSQLです。

▶リスト3-1　SELECT文の例

```
SELECT id,
       title,
       published_at
  FROM book
 WHERE published_at > '2017-01-01'
 ORDER BY published_at DESC
 LIMIT 10;
```

　本章を読み進めることで上記のSQLの意味を理解できます。本節では、SELECT文のうちSELECT句とFROM句、LIMIT句について解説します。WHERE句、ORDER BY句の解説は次節以降で行います。
　基本的なSELECT文を以下に示します。

▶リスト3-2　基本的なSELECT文の例

```
SELECT id
  FROM b1;
```

　上記SQLの意味は下記のとおりです。

・テーブル **b1** から **id** 列を対象として行を取得する。

b1テーブルは**book**テーブルから一部データを抽出したテーブルです。学習の手助けとなるよう行数や列数を最小限にしています。本来テーブルの名称には略称などを避けわかりやすい名前を用いるのが適切ですが、最初ですので入力し易いよう短いテーブル名を設定しました。このSELECT文の実行結果は以下のとおりです。

▶リスト3-3 基本的なSELECT文の例（実行結果）

```
 id
----
  1
  2
  3
  4
  5
```

5件の行が取得できました。このように、SELECT文はテーブルから行を取得するためのSQLです。なお、上記の例とid列の並び順が異なったとしても、本節では気にしないでください。行の取得結果の並び順に関する内容は次節で学びます。本節で重要な点は、5件の行が取得できることです。

SELECT文が行を取得するSQLだということがわかったので、次はSELECT文の中身を見ていきましょう。

●SELECT句

SELECT idという箇所が**SELECT句**です。SELECT句では、参照する列の列名を指定します。上記の例では、id列を指定しました。その結果として**id**の情報を取得できたことがわかります。別の列を指定して、動作の違いを確認します。

▶リスト3-4 title列を指定したSELECT句

```
SELECT title
  FROM b1;
```

実行結果は以下のとおりです。

▶ リスト3-5 title列を指定したSELECT句（実行結果）

```
            title
------------------------------------
Electronではじめるアプリ開発
かんたん Perl
3ステップでしっかり学ぶPHP入門
Pythonクローリング＆スクレイピング
改訂2版 パーフェクトRuby
```

　SELECT句に指定した列を**title**に変更したことで、**id**列ではなく、**title**列の情報が取得できました。SELECT句には複数の列を一度に指定できます。複数指定するには、列名をカンマ（,）区切りで列挙します。

　次は2つの列をSELECT句に指定してみましょう。**id**列と**title**列をSELECT句に指定するSQLを以下に示します。

▶ リスト3-6 2つの列を指定したSELECT文

```
SELECT id,
       title
  FROM b1;
```

　実行結果は以下のとおりです。

▶ リスト3-7 2つの列を指定したSELECT文（実行結果）

```
id |           title
---+------------------------------------
 1 | Electronではじめるアプリ開発
 2 | かんたん Perl
 3 | 3ステップでしっかり学ぶPHP入門
 4 | Pythonクローリング＆スクレイピング
 5 | 改訂2版 パーフェクトRuby
```

　id列と**title**列が取得できました。

　SELECT句に複数の列を指定するとき、末尾の列の後ろにカンマは不要です。付与すると次の例のように構文の不正を意味する**syntax error（シンタックスエラー）**が発生します。

▶ リスト3-8 不要なカンマが付いたSELECT

```
SELECT id,
       title, -- このカンマは不要
  FROM b1;
```

▶ **リスト3-9** 不要なカンマが付いたSELECT（実行結果）

```
ERROR:  syntax error at or near "FROM"
LINE 1: SELECT id, title, FROM b1;
```

SQLを学ぶ過程では、リスト3-9のようなsyntax errorにたびたび遭遇します。syntax errorとは、「syntax = 文法」の「エラー = 異常」の言葉のとおり、SQLの文法が正常ではなかった場合に発生するエラーです。sytax errorでは、エラーの原因を特定する手がかりが表示されます。near "FROM"の部分が該当し、**FROM句の近くに問題がある**ということを示しています。今回はFROMの直前のtitle,の末尾のカンマが不要なため発生したエラーでした。

SELECT句に指定する列の順番を入れ替えると、取得結果も同様に入れ替わります。

▶ **リスト3-10** 列の指定順序を入れ替えたSELECT文

```
SELECT title,
       id
  FROM b1;
```

リスト3-7では、左からid列、title列の情報が表示されていました。リスト3-11の場合、左からtitle列、id列が表示されます。

▶ **リスト3-11** 列の指定順序を入れ替えたSELECT文（実行結果）

```
              title              | id
---------------------------------+----
Electronではじめるアプリ開発      |  1
かんたん Perl                    |  2
3ステップでしっかり学ぶPHP入門     |  3
Pythonクローリング＆スクレイピング |  4
改訂2版 パーフェクトRuby          |  5
```

テーブルのすべての列を対象にするには、列名の代わりに「*****」（**アスタリスク**）を指定します。

▶ **リスト3-12** *を指定したSELECT文

```
SELECT *
  FROM b1;
```

実行すると以下の結果が得られます。

▶リスト3-13 *を指定したSELECT文（実行結果）

```
id |              title               | published_at
---+---------------------------------+-------------
 1 | Electronではじめるアプリ開発       | 2017-03-28
 2 | かんたん Perl                     | 2016-01-16
 3 | 3ステップでしっかり学ぶPHP入門      | 2017-07-21
 4 | Pythonクローリング＆スクレイピング | 2016-12-16
 5 | 改訂2版 パーフェクトRuby           | 2017-05-17
```

列名を列挙するよりも短い記述ですべての列を取得対象に指定できます。

●FROM句

SELECT句について学んだところで、**FROM句**について解説します。FROM句には、データの参照先となる**テーブル名**を指定できます。`FROM b1`と指定した場合はテーブル**b1**を参照します。

●LIMIT句

本節の最後に、**LIMIT句**について解説します。LIMITは「制限」という意味を持つ言葉です。SELECT文の結果を指定した行数に制限するのがLIMIT句の役割です。

LIMIT句を使わないSELECT文とLIMIT句を使ったSELECT文の違いを見てみましょう。まずはおさらいとして、LIMIT句を指定しないSELECT文を以下に示します。

▶リスト3-14 LIMIT句を指定しないSELECT文

```
SELECT id
  FROM b1;
```

実行すると以下の**5件**の行が表示されます。

▶リスト3-15 LIMIT句を指定しないSELECT文（実行結果）

```
 id
----
  1
  2
  3
  4
  5
```

b1テーブルは全体で5件の行を含むテーブルです。したがってすべての行が取得されたことになります。

SELECT文にLIMIT句を付与したものがリスト3-16です。

▶リスト3-16 LIMIT句を指定したSELECT文

```
SELECT id
  FROM b1
 LIMIT 3;
```

FROM b1に続いてLIMIT 3が追加されています。この部分がLIMIT句です。実行すると以下の結果が得られます。**5件**だった結果が**3件** になっていることがわかります。

▶リスト3-17 LIMIT句を指定したSELECT文（実行結果）

```
 id
----
  1
  2
  3
```

確認のために、LIMIT句に指定する数字を「3」から「1」に変更してみましょう。

▶リスト3-18 LIMIT句に1を指定したSELECT文

```
SELECT id
  FROM b1
 LIMIT 1;
```

実行すると以下の結果が得られます。今度は**1件**の行が得られました。

▶リスト3-19 LIMIT句に1を指定したSELECT文（実行結果）

```
 id
----
  1
```

LIMIT句には、本来取得されるべき行数を指定した数に**制限**する働きがあります。それでは、実際に存在する行数よりも大きな値を与えるとどうなるでしょうか。

▶リスト3-20 LIMIT句に大きな値を指定したSELECT文

```
SELECT id
  FROM b1
 LIMIT 99;
```

存在する行数よりも大きな値を与えてもエラーは発生せず、存在する分だけの行が取得されます。リスト3-20を実行すると、次のような結果が得られます。

▶リスト3-21 LIMIT句に大きな値を指定したSELECT文（実行結果）

```
 id
----
  1
  2
  3
  4
  5
```

　LIMIT句には、0以上の整数を指定できます。このとき、実際に存在する行よりも大きな値を指定した場合はすべての行が対象になります。なお、0も指定できますが、0行表示される＝何も表示されないため、通常指定する場面はありません。

　本書では多くのSELECT文の例にLIMIT句が付与されます。冗長に見えますが、実際にSELECT文を利用する場合LIMIT句は頻出の構文です。本書を学びながら、「SELECT → FROM → LIMIT」という順番を体になじませてください。

本節では、SELECT文を構成する「句」の中で最も基礎となるSELECT句を中心に扱い、FROM句とLIMIT句についても学びました。次節はORDER BY句について学びます。

3-2

ORDER BY句を使ってデータを並べ替える

前節ではSELECT句とFROM句、そしてLIMIT句のみを使った基本的なSELECT文について学びました。本節では、SELECT文にORDER BY句を加えて、データを並べ替える方法について解説します。

3-2-1 扱うデータの確認

　本節では前節で利用した**b1**テーブルではなく**book**テーブルを扱います。**book**テーブルには、技術評論社の書籍情報に関するデータがあらかじめ登録されています。**book**テーブルの情報はあくまで学習に用いるためのデータであり、実際の価格やタイトルとは異なる場合があります。特に在庫の有無を示す**is_stock**列の情報は最新の情報ではない点にご留意ください。

▶**表3-1** bookテーブルの内容

列名	内容	例
isbn	ISBN コード	9784774177076
sub_genre_id	4桁のサブジャンル ID	0603
programing_language	プログラミング言語	Python
title	書籍名	Python ライブラリ厳選レシピ
author	著者名	池内 孝啓 著
published_at	書籍が出版された年月日	2015-10-17
price	価格	2880
is_stock	在庫の有無	TRUE
url	書籍情報が掲載されている URL	http://gihyo.jp/book/2015/978-4-7741-7707-6
created_at	行の作成日時	2017-07-29 17:23:43.158212
updated_at	行の更新日時	2017-07-29 17:23:43.158212

　また、**book**テーブルのデータは以下のWebサイトから収集できるデータを元にし作成したものです。

・ http://gihyo.jp/book/genre

　データ収集にはクローリングとスクレイピングという手法を利用しました。クローリングおよびスクレイピングについて詳しく知りたい方は、加藤耕太 著『Python クローリング＆スクレイピング』（2016年 技術評論社）を参照してください。

3-2-2 ORDER BY句の基本

　ORDER BY句はSELECT文に付加することで、SELECTの結果を並べ替えることができます。ORDER BY句を使ったSELECT文の例を以下に示します。

▶ **リスト3-22** ORDER BY句を使ったSELECT文

```
SELECT isbn,
       title,
       published_at
  FROM book
 ORDER BY published_at
 LIMIT 3;
```

　上記のSELECT文の意味は下記のとおりです。

・ book テーブルから isbn 列、title 列、published_at 列を対象として行を取得する
・ このとき、published_at 列の値を利用して昇順にデータを並べ替える
・ 並べ替えられた行のうち、最初から3件を取得する

　いい換えると、**発売日が古いもの上位3件**を取得するSELECT文です。前節で学んだSELECT句、FROM句、LIMIT句が登場しています。加えて、初めてORDER BY句が登場しました。実行結果は以下のとおりです。

▶ **リスト3-23** ORDER BY句を使ったSELECT文（実行結果）

```
    isbn    |            title             | published_at
------------+------------------------------+--------------
 4874084141 | C言語による最新アルゴリズム事典 | 1991-02-25
 4874085601 | Numerical Recipes in C 日本語版 | 1993-05-25
 4774100684 | すぐわかるC/C++                | 1994-09-12
```

　ORDER BY句は、指定した列の情報に基づき**行を並べ替える**働きをします。行を並べ替える作業のことを**ソート（Sort）**と呼びます。

ORDER BY句の内容を少し変更してみます。

▶ リスト3-24 ORDER BY句にDESCを追加

```
SELECT isbn,
       title,
       published_at
  FROM book
 ORDER BY published_at DESC
 LIMIT 3;
```

`ORDER BY published_at`の後ろに`DESC`を付与しました。実行結果は以下のとおりです。

▶ リスト3-25 ORDER BY句を使ったSELECT文（実行結果）

```
      isbn       |                      title                      | published_at
-----------------+-------------------------------------------------+--------------
 9784774191690   | ［ここが知りたい！］デジタル遺品                 | 2017-08-09
 9784774191119   | ゼロからはじめるドコモ Xperia XZ Premium SO-04J（略）| 2017-07-29
 9784774190860   | たった1日で基本が身に付く！C# 超入門             | 2017-07-29
```

`published_at`列の値に注目してください。`DESC`を付与しなかった場合、`published_at`列の内容は「1991年」や「1993年」などの古い日付でした。一方、`DESC`を付与した場合は「2017年」と新しい日付になっています。

日付の時期に違いが生じたのは、ORDER BY句の内容が異なるためです。リスト3-22では`published_at`列の値が**昇順**になるよう行が並べ替えられました。リスト3-25では、反対に行が**降順**になるよう並べ替えられたため、2017年のデータが取得されたのです。このようにデータを並べ替えるのが、ORDER BY句の働きです。

3-2-3 昇順と降順

ORDER BY句を説明するにあたり、**昇順**と**降順**という言葉を用いました。**昇順**は小さい順という意味です。反対に**降順**は大きい順という意味です。たとえば、「2, 2, 1, 3」というリストがあったとします。このリストを昇順と降順で並べ替えた場合の結果は以下のとおりです。

▶ 表3-2 昇順と降順、それぞれの結果の違い

順序	結果
昇順	1, 2, 2, 3
降順	3, 2, 2, 1

ORDER BY句では、データの並べ替え順序について、昇順と降順を指定できます。昇順で並べ替えるには、**ASC** を利用します。ASCは「ascending」という言葉に由来します。「ascending」は「上昇的な」や「上向きの」という意味の形容詞です。反対に降順で並べ替えるには **DESC** を利用します。DESCは、「descending」に由来します。「descending」は、「降下的な」や「下向きの」という意味を持つ形容詞です。

ところでリスト3-22ではASCは用いませんでした。これは、ASCおよびDESCの指定を省略した場合はASC、つまり昇順が採用されるという仕様のためです。ASCを指定した場合は以下のSELECT文になります。

▶ **リスト3-26** ORDER BY句にDESCを追加

```
SELECT isbn,
       title,
       published_at
  FROM book
 ORDER BY published_at ASC
 LIMIT 3;
```

昇順でデータを並べ替えたいときに、ASCを省略するかどうかはユーザーに委ねられます。PostgreSQLやMySQLなどの仕様的にも、慣例的にもこの指定は省略できます。しかしどちらにするか迷った場合、筆者としては省略せずにASCを指定することをおすすめします。ASCを指定したほうがより明示的で、昇順であることが誰にとってもわかりやすいためです。また、必ずDESCとASCを指定する癖を付けておくことで、必要なDESCの指定し忘れを防止できます。

前節ではORDER BY句を指定しないSELECT文について学びました。ORDER BY句を指定しない場合、簡易的な理解としては、SELECT文で得られる行の並び順は、**保証されない**、あるいは**不定**だと覚えておいてください。もう少し正確なORDER BY句の話は57ページのコラムで解説しています。

3-2-4 複数列に対するORDER BY句の利用

複数の列に対してORDER BY句で並び順を指定することもできます。まず、以下のSELECT文の取得結果を見てみましょう。

```
SELECT title,
       price,
       published_at
  FROM book
 ORDER BY price ASC
 LIMIT 5;
```

実行結果は以下のとおりです。

▶ **リスト3-28** price列で昇順にソートするSELECT文（実行結果）

```
              title               | price | published_at
----------------------------------+-------+--------------
あっという間にかんたん年賀状 2017年版  |   390 | 2016-10-08
あっという間に年賀状 2016年版         |   398 | 2015-10-01
あっという間に年賀状 2015年版         |   400 | 2014-10-02
パッと印刷！さくさく年賀状 2016年版    |   400 | 2015-10-24
とにかくかんたん！らくらく年賀状 DVD 2017年版 | 400 | 2016-10-08
```

price列の値が400である行が3件取得できました。値がすべて同じため、この3件の中では並び順を決定できません。今回はたまたま、published_at列の日付の古い順に並んでいるように見えますが、すでに説明したとおり、ORDER BY句に指定していない場合の並び順は不定です。この3件の並び順を確定させるには、もう1つ別の列を基準に並べ替える必要があります。ORDER BY句では複数の列に対して並び順を指定できます。

▶ **リスト3-29** ORDER BY句に複数の列を指定したSELECT文

```
SELECT title,
       price,
       published_at
  FROM book
 ORDER BY price ASC,
          published_at DESC
 LIMIT 5;
```

この SELECT文 の意味は以下のとおりです。

・price 列の値の昇順で並べ替える
・price 列の値が同じ場合は、published_at 列の値の降順で並べ替える

実行すると以下の結果が得られます。price列の値が「390 → 398 → 400」と昇順になり、published_at列の値が「2016 → 2015 → 2014」と降順になっていることがわかります。

▶リスト3-30 ORDER BY句に複数の列を指定したSELECT文（実行結果）

```
              title              | price | published_at
---------------------------------+-------+--------------
 あっという間にかんたん年賀状 2017年版        |   390 | 2016-10-08
 あっという間に年賀状 2016年版             |   398 | 2015-10-01
 とにかくかんたん！らくらく年賀状 DVD 2017年版 |   400 | 2016-10-08
 パッと印刷！さくさく年賀状 2016年版        |   400 | 2015-10-24
 あっという間に年賀状 2015年版             |   400 | 2014-10-02
```

ORDER BY句に複数の列を指定する場合、注意点があります。

▶リスト3-31 ORDER BY句の末尾にDESCを指定

```
ORDER BY price, published_at DESC
```

上記のORDER BY句は、一見すると以下のどちらにも読み取れます。

- A. price列で**降順**に並べ替え、次に published_at 列で**降順**に並べ替える
- B. price列で**昇順**に並べ替え、次に published_at 列で**降順**に並べ替える

正解は「B. price列で**昇順**に並べ替え、次にpublished_at列で**降順**に並べ替える」で、以下のORDER BY句と同様です。

▶リスト3-32 price列を昇順、published_at列を降順に指定

```
ORDER BY price ASC, published_at DESC
```

ASCやDESCの指定は列ごとに作用します。このことからも、ASCの指定は省略しないほうが明示的ということがわかります。

本節では、**ORDER BY**句について学びました。**ORDER BY**句の登場により、前節で学んだ**LIMIT**句の実用的な用途が理解できたはずです。次節では**WHERE**句について学びます。

Column　ORDER BY句を省略した場合の並び順

　本節ではORDER BY句の解説を行いましたが、ORDER BY句を指定しなかった場合、並び順は不定になると説明しました。しかし実際には、ORDER BY句を指定しないSELECT文を何度も実行しても、同じ結果が得られる場合があります。これは上述の説明と矛盾しないでしょうか。

　PostgreSQLの公式ドキュメント日本語訳の「SELECT」（https://www.postgresql.jp/document/9.6/html/sql-select.html）には「ORDER BYが指定されない場合は、システムが計算過程で見つけた順番で行が返されます」という記述があります。

　「システムが計算過程で見つけた順番」とは、RDBMSの実装に依存することを意味しています。たとえば、「登録された順に行を取得する」という実装になっていれば、登録する順番を変えない限りORDER BY句未指定のSELECT文の結果は同一になります。

　ただし、どのように実装されていたとしても、「システムが計算過程で見つけた順番で行が返され」るのが動作仕様です。つまり昇順でも降順でもないし、いつも同じかもしれないし違うかもしれない、ということを意味します。本書の3-1で「id列の並び順が異なったとしても、本節では気にしないでください」という注意書きを添えたのはこのためです。

　ところで、ORDER BY句はどのような場合に必要で、どのような場合に不要なのでしょうか。SELECT文の結果の順序が重要な場合、ORDER BY句 が必要です。行に含まれるある値を使って新しい順に全件や、高い順に5件取得したい場合、SELECT文に必ずORDER BY句を指定します。

　ORDER BY句が必要ではない例として、GROUP BY句を利用した集計を行う場合が挙げられます。GROUP BY句は第7章で解説する内容ですが、少しだけ先取りしてみましょう。

▶リスト3-33 ORDER BY句が不要なSELECT文の例

```
SELECT AVERAGE(price)
  FROM book
 GROUP BY sub_genre_id;
```

　上記のSELECT文は、sub_genre_id列ごとにprice列の値の平均値を求めるSELECT文です。まだ解説していない内容が含まれますので、細部はわからなくて大丈夫です。このSELECT文の場合、全体の平均値を計算するため行の並び順は関係ありません。「1, 2, 3」でも「3, 2, 1」でも平均値が2であることには変わりないためです。

　ほかに、単に並び順に関係なく行の内容を確認したい場合や、条件に一致するSELECT文の結果が最大1件であることが明らかな場合にもORDER BY句は不要です。「条件に一致する」とはWHERE句に関連する言葉です。WHERE句 については次節で解説しています。

Chapter 3 ┊ データの取得と絞り込み（SELECT）

3-3 WHERE句を使って データを絞り込む

本節では、SELECT文にWHERE句を加えてデータを絞り込む方法について解説します。ORDER BY句に加えWHERE句が使えるようになると、SELECT文で行えることの幅が広がります。1つずつできることを増やしていきましょう。

3-3-1 WHERE句の基本

ここまでのSELECT文はすべての行を取得するか、LIMIT句に指定した行数のみを取得するというものでした。しかし、これだけでは特定のデータのみを取り出すことはできません。SELECT文では**WHERE句**という句を加えることで特定の条件でデータを絞り込むことができます。WHERE句を使ったSELECT文の例を以下に示します。

▶リスト3-34 WHERE句を使ったSELECT文

```
SELECT isbn,
       title
  FROM book
 WHERE isbn = '9784774183671';
```

上記のSELECT文の意味は以下のとおりです。

- book テーブルから isbn 列と title 列を対象として行を取得する
- 取得する行を、isbn 列の値が「9784774183671」と**一致するもののみに絞り込む**

title列は書籍の書名、isbn列はISBNコードを意味します。ISBNコードとは、書籍ごとに一意に振られた番号のことで、これがわかればどの本か特定ができます。さて、上記のリスト3-34の実行結果は以下のとおりです。

▶リスト3-35 WHERE句を使ったSELECT文（実行結果）

```
     isbn      |            title
---------------+------------------------------------
 9784774183671 | Pythonクローリング＆スクレイピング
```

bookテーブルには5,000行以上のデータが登録されています。リスト3-34のSQLでLIMIT句を使用していませんが、取得できた行は1行のみでした。また、取得できた行のisbn列の値が、WHERE句 で指定した値「9784774183671」と一致しています。これはWHERE句によって取得対象となる行が**絞り込まれた**ためです。

このようにWHERE句では、絞り込みを行う対象の列と絞り込み条件をあわせて指定します。WHERE句の構文は以下のとおりです。

▶**リスト3-36** WHERE句 の構文

```
WHERE [列名] [比較演算子] [値]
```

リスト3-34のWHEREから始まる箇所に注目します。

▶**リスト3-37** リスト3-34のSQLのWHERE句

```
WHERE isbn = '9784774183671'
```

列名として**isbn**が指定されています。比較演算子には「=」が指定されています。値は「'9784774183671'」です。これで**ISBNコードが「9784774183671」と等しい行**に絞り込むという条件を指定したことになります。

3-3-2 WHERE句の基本 その2

WHERE句を使ったSELECT文の違う例を見ていきましょう。以下のSELECT文は、price列に対してWHERE句で条件を指定しています。

▶**リスト3-38** 条件に「価格が1,000円より大きい」を指定したSELECT文

```
SELECT isbn,
       title,
       price
  FROM book
 WHERE price > 1000
 ORDER BY price ASC
 LIMIT 3;
```

WHERE句の部分を抜きだすと以下のようになります。

▶**リスト3-39** リスト3-38のSQLのWHERE句

```
WHERE price > 1000
```

WHERE句の比較演算子には「>」が指定されています。値は「1000」です。これで、price列の値が**1000より大きい**行に絞り込むという意味になります。ORDER BY句と LIMIT句 については、本章でこれまでに学んでいます。リスト3-38の実行結果は次のとおりです。

条件に「価格が1,000円より大きい」を指定した SELECT文（実行結果）

```
      isbn      |                         title                          | price
----------------+-------------------------------------------------------+-------
 9784774189963  | 60分でわかる！ IT ビジネス最前線                        | 1020
 9784774189970  | 60分でわかる！ 仮想通貨 ビットコイン＆ブロックチェーン最前線 | 1020
 9784774189987  | Windows 10 はじめる&楽しむ 100%入門ガイド               | 1020
```

　price列の値が「1020」という条件に一致する3行が取得できました。比較のために、WHERE句を取り除いた次のリスト3-41のSELECT文と結果を見比べてみましょう。

WHERE句を取り除いた SELECT文

```
SELECT isbn,
       title,
       price
  FROM book
 ORDER BY price ASC
 LIMIT 3;
```

　実行結果は以下のとおりです。

WHERE句 を取り除いた SELECT文（実行結果）

```
      isbn      |              title               | price
----------------+----------------------------------+-------
 9784774183084  | あっという間にかんたん年賀状 2017年版 | 390
 9784774174907  | あっという間に年賀状 2016年版     | 398
 9784774169712  | あっという間に年賀状 2015年版     | 400
```

　取得できた行の内容が変化しました。`WHERE price > 1000`という条件がなくなったためです。WHERE句によって行が絞り込まれていたことがわかりました。

3-3-3　比較演算子

　先ほどWHERE句の中に登場した**比較演算子**について詳しく解説します。ここまでに WHERE句で、「=」と「>」という記号を利用しました。これが比較演算子です。比較演算子は**演算子**の1つで、それ以外の演算子は第5章で解説します。

次の表に、WHERE句で利用できる比較演算子をまとめます。

▶表3-3 比較演算子

比較演算子	読み方（参考）	意味
=	イコール	等しい
>	だいなり	より大きい
>=	だいなり イコール	以上
<	しょうなり	未満
<=	しょうなり イコール	以下
!= または <>	ノット イコール	等しくない

「=」と「>」についてはすでに利用しました。「>=」から順に実際に例を見ながら演算子の意味を確認していきましょう。

「>=」は指定した値**以上**という条件で行を絞り込む場合に利用します。指定した値と指定した値よりも大きな値を含みます。

▶**リスト3-43** WHERE句に比較演算子 >= を指定

```
SELECT title,
       price
  FROM book
 WHERE price >= 398
 ORDER BY price ASC
 LIMIT 3;
```

実行結果は以下のとおりです。指定した値「398」と、それよりも大きい行が抽出できています。

▶**リスト3-44** WHERE句に比較演算子 >= を指定（実行結果）

```
           title            | price
----------------------------+-------
 あっという間に年賀状 2016年版    |   398
 あっという間に年賀状 2015年版    |   400
 パッと印刷！さくさく年賀状 2016年版 |   400
```

「<」は指定した値**未満**という条件で行を絞り込む場合に利用します。

▶ リスト3-45 WHERE句に比較演算子<を指定

```
SELECT title,
       price
  FROM book
 WHERE price < 400
 ORDER BY price ASC
 LIMIT 3;
```

実行結果は以下のとおりです。価格が「400」未満の行が抽出できます。

▶ リスト3-46 WHERE句に比較演算子<を指定（実行結果）

```
                 title                | price
--------------------------------------+-------
 あっという間にかんたん年賀状 2017年版 |   390
 あっという間に年賀状 2016年版         |   398
```

「<=」は指定した値**以下**という条件で行を絞り込む場合に利用します。

▶ リスト3-47 WHERE句に比較演算子<=を指定

```
SELECT title,
       price
  FROM book
 WHERE price <= 400
 ORDER BY price ASC
 LIMIT 3;
```

実行結果は以下のとおりです。

▶ リスト3-48 WHERE句に比較演算子<=を指定（実行結果）

```
                 title                  | price
----------------------------------------+-------
 あっという間にかんたん年賀状 2017年版   |   390
 あっという間に年賀状 2016年版           |   398
 とにかくかんたん！らくらく年賀状 DVD 2017年版 |   400
```

「<=」は「<」と異なり指定した値を含みます。価格が「400」円以下の行が抽出できています。

「!=」は指定した値と**等しくない**という条件で行を絞り込む場合に利用します。「<>」は「!=」と同じ意味です。本書では「!=」を利用します。

▶ リスト3-49 WHERE句に比較演算子 != を指定

```
SELECT title,
       price
  FROM book
 WHERE price != 400
 ORDER BY price ASC
 LIMIT 3;
```

実行結果は以下のとおりです。

▶ リスト3-50 WHERE句に比較演算子 != を指定（実行結果）

```
             title               | price
---------------------------------+-------
 あっという間にかんたん年賀状 2017年版 |   390
 あっという間に年賀状 2016年版        |   398
 あっという間に年賀状 2014年版        |   408
```

結果から、価格が「400」である行が取り除かれていることがわかります。

本節では、データの絞り込みを行う**WHERE**句について学びました。**WHERE**句は比較演算子を用いることでさまざまな条件を指定でき、目的のデータを探し出すのに役立ちます。本節で紹介したパターン以外にも、ぜひ自分の手で**WHERE**句を利用してみてください。次節では、もう少し進んだ**WHERE**句の利用方法を学びます。

3-4 WHERE句に複数の条件を指定してデータを絞り込む

前節では、WHERE句に指定する条件が1つのみのSELECT文を解説しました。ここでは、WHERE句に複数の条件を指定する手段として、AND句とOR句が登場します。AND句とOR句を利用することでより複雑な条件での絞り込みを実現できます。

3-4-1 複数の条件の組み合わせ - AND句

前節ではWHERE句で1つの条件のみを指定する使い方を解説しました。WHERE句に複数の条件を指定することで、その条件を組み合わせた結果を抽出することができます。以下のSELECT文を見てみましょう。

▶ **リスト3-51** AND句を使ったSELECT文

```
SELECT title,
       sub_genre_id,
       price
  FROM book
 WHERE price > 1000
   AND sub_genre_id = '0603'
 ORDER BY price ASC
 LIMIT 3;
```

ANDという記述が初めて登場しました。これが、WHERE句で複数の条件を指定するために必要な句の1つ、**AND句**です。AND句 は日本語でいう**かつ**を意味し、2つの条件を組み合わせる働きをします。リスト3-51の実行結果は以下のとおりです。

▶ **リスト3-52** AND句を使ったSELECT文（実行結果）

```
       title        | sub_genre_id | price
--------------------+--------------+-------
 最新Pythonエクスプローラ | 0603         | 1780
 Fast CakePHP        | 0603         | 1880
 JavaScript徹底攻略    | 0603         | 1880
```

WHERE句には、AND句を間に挟んで2つの条件が指定されています。1つ目はprice > 1000で、2つ目は sub_genre_id = '0603' です。2つの条件について次の表

3-4にまとめます。

▶**表3-4** WHERE句 と AND句 で利用した2つの条件

条件	意味
price > 1000	価格が 1,000円 より高い
sub_genre_id = '0603'	サブジャンルID が 0603 と等しい

　AND句は**かつ**を意味すると説明しました。したがって、2つの条件を組み合わせると以下のようになります。

・「価格が 1,000 円より高い」**かつ**「サブジャンル ID が 0603 と等しい」

　確認のために、条件を変更したSELECT文を実行してみます。

▶**リスト3-53** AND句を使ったSELECT文-2

```sql
SELECT title,
       sub_genre_id,
       published_at
  FROM book
 WHERE published_at < '2017-01-01'
   AND sub_genre_id = '0603'
 ORDER BY published_at ASC
 LIMIT 3;
```

　実行結果は以下のとおりです。

▶**リスト3-54** AND句を使ったSELECT文-2（実行結果）

```
                     title      | sub_genre_id | published_at
-------------------------------+--------------+--------------
 Pythonクローリング＆スクレイピング | 0603        | 2016-12-16
 15時間でわかるJavaScript集中講座  | 0603        | 2016-11-18
 改訂新版JavaScript本格入門       | 0603        | 2016-09-30
```

　リスト3-53のSQLで指定した条件をまとめると、以下のようになります。

・「発売日が 2017 年 01 月 01 日より古い」**かつ**「サブジャンル ID が 0603 と等しい」

　複数の条件が組み合わさり、行が絞り込めていることがわかります。

3-4-2 複数の条件の組み合わせ - OR句

AND句の次は、OR句について解説します。まずは次のSQLを見てみましょう。

▶ **リスト3-55** OR句を使ったSELECT文

```sql
SELECT title,
       sub_genre_id,
       price
  FROM book
 WHERE sub_genre_id = '0603'
    OR sub_genre_id = '0601'
 ORDER BY price ASC
 LIMIT 3;
```

OR句は、WHERE句で複数の条件を指定するために必要な、もう1つの句です。OR句は日本語でいう**または**を意味します。リスト3-55のWHERE句には、OR句を間に挟んで2つの条件が指定されています。1つ目はsub_genre_id > '0603'で、2つ目はsub_genre_id = '0601'です。AND句と同様に条件について次の表3-5にまとめます。

▶ **表3-5** WHERE句とOR句で利用した2つの条件

条件	意味
sub_genre_id = '0603'	サブジャンルIDが0603と等しい
sub_genre_id = '0601'	サブジャンルIDが0601と等しい

OR句は**または**を意味すると説明しました。したがって、2つの条件を組み合わせると以下のようになります。

・「サブジャンル ID が 0603 と等しい」**または**「サブジャンル ID が 0601 と等しい」

リスト3-55の実行結果を見てみましょう。サブジャンルIDが「0601」の行と「0603」の行が取得できていることがわかります。

▶ **リスト3-56** OR句を使ったSELECT文（実行結果）

```
                    title                  | sub_genre_id | price
-------------------------------------------+--------------+-------
最新 C言語がわかる                         | 0601         | 1580
最新Pythonエクスプローラ                   | 0603         | 1780
C言語超入門 ゼロからのプログラミング       | 0601         | 1880
```

3-4-3 ANDとORの使い方

　AND句とOR句について解説し、それぞれが**かつ**と**または**を意味することを学びました。**かつ**、**または**という言葉から、数学の「∩」と「∪」という記号を思い出した方もいるのではないでしょうか。AND／ORは、数学の**集合演算**という世界で用いられる概念です。集合演算の説明にはしばしば**ベン図**（Venn Diagrams）が用いられます。ANDとORについて、ベン図を用いて解説します。まずは論理積、論理和のベン図を見ていきましょう。次の図3-1は論理積を示したベン図です。

▶**図3-1** ベン図（論理積）

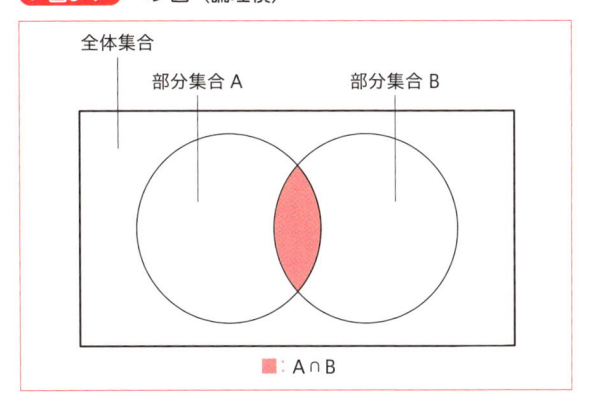

　図全体は、全体集合を示します。2つの円はそれぞれ部分集合を示します。グレーで示した部分が「部分集合 A」と「部分集合 B」の**論理積**「A ∩ B」です。日本語にすると「A かつ B」の範囲がグレーの部分ということです。

　次の図3-2は論理和のベン図です。

▶**図3-2** ベン図（論理和）

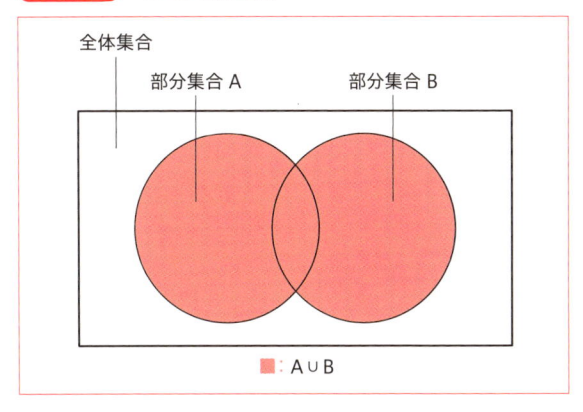

グレーで示した部分が「部分集合 A」と「部分集合 B」の**論理和**「A ∪ B」です。こちらも日本語にすると、「A または B」がグレーの部分になります。

　このようにベン図を使うと、その条件に一致する範囲を視覚的に理解することができます。それでは WHERE 句の内容をベン図で示していきます。まずは以下の WHERE 句をベン図にして確認してみましょう。

▶ リスト3-57 AND句を用いたWHERE句の条件

```
WHERE price > 1000
  AND sub_genre_id = '0603'
```

　この WHERE 句では AND 句を利用しているため、**論理積**のベン図（図3-3）で示せます。なお、実際に一致する行の数は図の大きさに反映されていません。あくまで集合の考え方と WHERE 句の内容を理解するための図として見てください。

▶ 図3-3 AND句のベン図

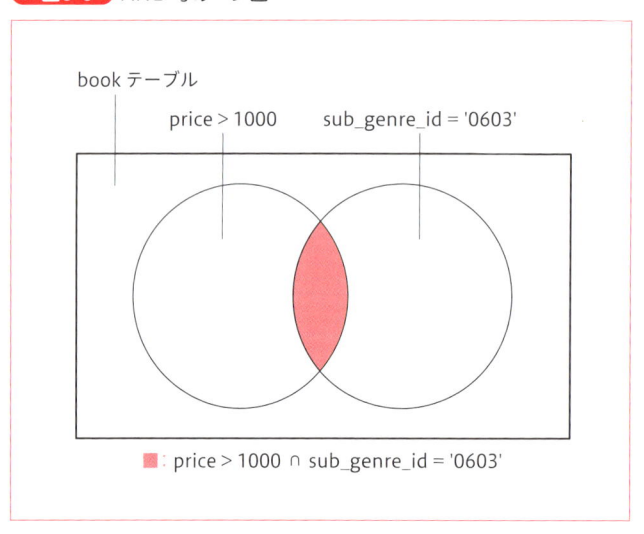

　book テーブルに含まれる行全体が全体集合です。`price > 1000` という条件に一致する行と、`sub_genre_id = '0603'` という条件に一致する行がそれぞれ部分集合です。2つの部分集合の論理積がグレーで示した部分です。

　AND 句をベン図で表現した例をもう1つ示します。次のリスト3-58の WHERE 句は演算子「!=」を使用しています。

▶リスト3-58 演算子 != を使用したWHERE句

```
WHERE price > 1000
  AND sub_genre_id != '0603'
```

このWHERE句をベン図で示したものが図3-4です。

▶図3-4 AND句のベン図 - 2

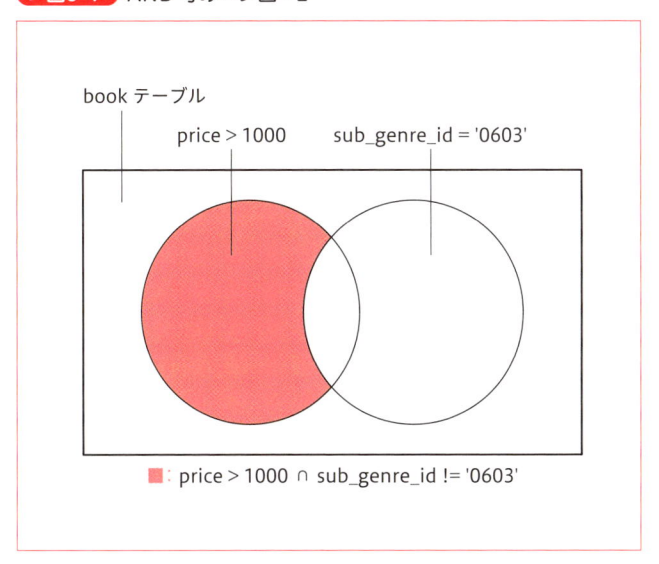

2つの部分集合として、`price > 1000`という条件に一致する行と、`sub_genre_id = '0603'`に一致する行を示しています。この点は図3-3と同じですが、WHERE句には`sub_genre_id`を絞り込む条件として`= '0603'`ではなく`!= '0603'`が指定されているため、論理積の結果が異なります。

続いて、OR句を使ったWHERE句の内容をベン図で示します。

▶リスト3-59 OR句を用いたWHERE句の条件

```
WHERE sub_genre_id = '0603'
   OR sub_genre_id = '0601'
```

このWHERE句は論理和のベン図（図3-5）で示すことができます。

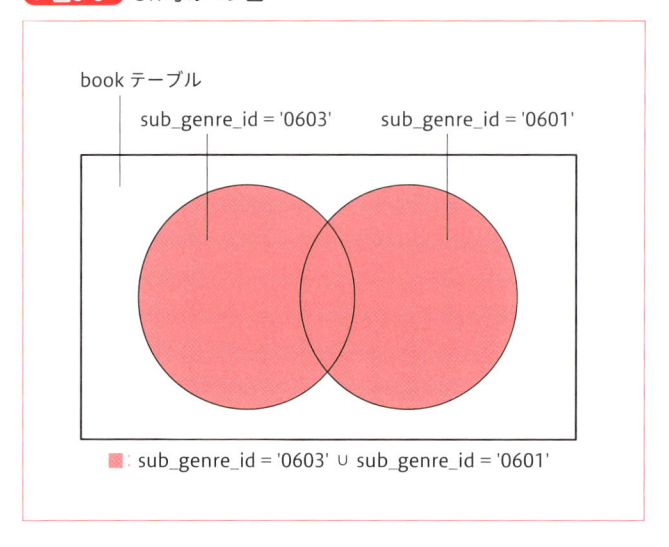

book テーブル

sub_genre_id = '0603'   sub_genre_id = '0601'

■ : sub_genre_id = '0603' ∪ sub_genre_id = '0601'

book テーブルに含まれる行全体が全体集合です。sub_genre_id = '0603' という条件に一致する行と、sub_genre_id = '0601' という条件に一致する行がそれぞれ部分集合です。2つの部分集合の論理和がグレーで示した部分です。

このようにWHERE句の条件もベン図で描くことで、その範囲がわかりやすくなります。

3-4-4 ANDとORの優先順位

AND句およびOR句を利用して、2つの条件を組み合わせる方法について学びました。2つ以上の条件を組み合わせることもできます。

▶リスト3-60 OR句を利用して条件を3つ指定

```
SELECT title,
       sub_genre_id,
       price
  FROM book
 WHERE sub_genre_id = '0603'
    OR sub_genre_id = '0601'
    OR sub_genre_id = '0501'
 ORDER BY price ASC
 LIMIT 3;
```

上記のリスト3-60ではすべてOR句を利用しましたが、AND句とOR句は組み合わ

せて使用できます。たとえば、以下のような条件で書籍を絞り込みたいとします。

- サブジャンル ID が「0603」**または**「0601」である
- **かつ**価格が 2,000 円である

少し条件が複雑になってきましたが、ベン図にすると次のようになります。

▶ **図3-6** 目的の条件のベン図

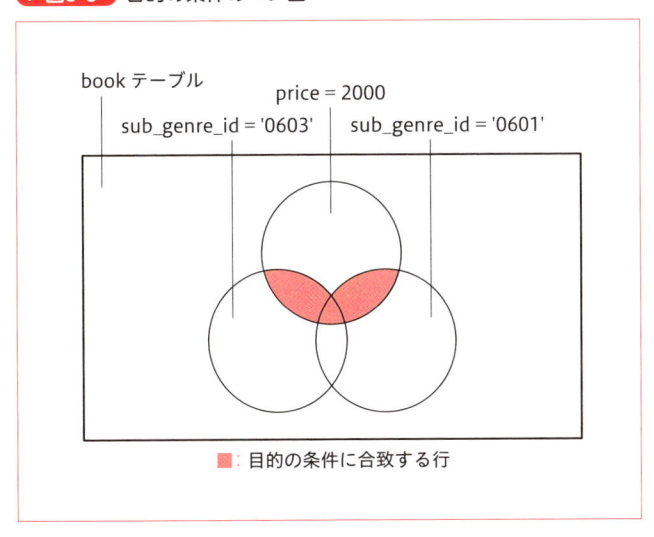

book テーブル

price = 2000

sub_genre_id = '0603'　　　sub_genre_id = '0601'

■：目的の条件に合致する行

ベン図をもとに、以下の SELECT 文を組み立てました。

▶ **リスト3-61** AND句とOR句の組み合わせ

```
SELECT title,
       sub_genre_id,
       price
  FROM book
 WHERE sub_genre_id = '0603'
    OR sub_genre_id = '0601'
   AND price = 2000
 ORDER BY published_at DESC
 LIMIT 3;
```

実行結果は以下のとおりです。

```
                 title                | sub_genre_id | price
-------------------------------------+--------------+-------
 3ステップでしっかり学ぶC言語入門        | 0601         | 2000
 3ステップでしっかり学ぶPHP入門          | 0603         | 2460
 たった1日で基本が身に付く！JavaScript超入門 | 0603   | 2060
```

　意図どおりの結果が得られたでしょうか。残念ながら目的の条件とは一致していません。「価格が2,000円である」という条件に反した行が取得されてしまっています。AND句とOR句を組み合わせて利用するとき、注意点があります。それは、論理演算子の**優先順位**についてです。以下に、先ほどのリスト3-61のWHERE句の部分を抜粋します。

▶**リスト3-63** リスト3-63のWHERE句の抜粋

```
WHERE sub_genre_id = '0603'
   OR sub_genre_id = '0601'
  AND price = 2000
```

　上記のWHERE句の条件を整理すると、以下のようになります。

・ サブジャンルIDが「0603」である（価格の条件はない）
・ **または**サブジャンルIDが「0601」**かつ**価格が2,000円である

　ベン図で示すと、次のようになります。

▶**図3-7** 目的の条件と異なるベン図

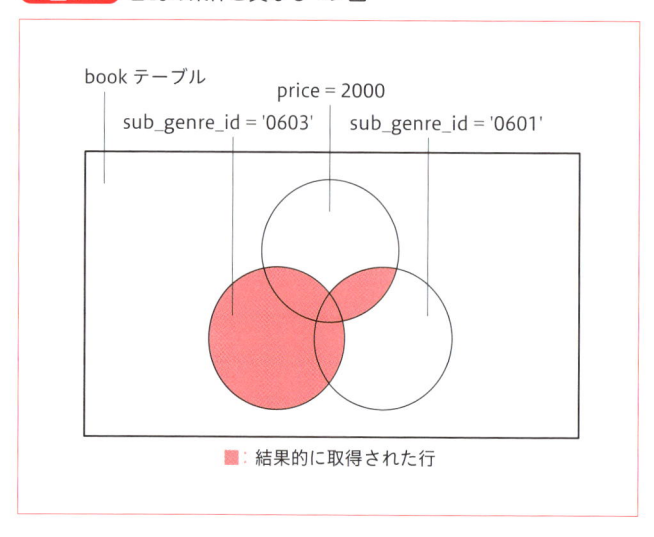

book テーブル
price = 2000
sub_genre_id = '0603'　　sub_genre_id = '0601'

■：結果的に取得された行

ベン図を描いてみると、意図どおりの条件となっていないことが明らかになります。この結果を見てもわかるように、AND句の結合はOR句の結合よりも優先されます。これは、算数で掛け算と足し算を行う場合の考え方に似ています。以下の数式の計算を例にしてみます。

```
y = 2 + 3 * 5
```

　上記の数式を計算するとき、どこから計算するでしょうか。「3 * 5」を先に計算し、2 をその結果（15）を加えるのが正解で、結果 y は 17 になります。「2 + 3」を先に計算してしまうと y は 25 になり、これは誤りです。

　計算の優先順位を明確にするため数式へ**括弧**を付けてみます。

```
y = 2 + (3 * 5)
```

　掛け算が優先されるため、この括弧はあってもなくても計算結果は同じです。もしも「2 + 3」を先に計算したい場合、以下のようにする必要があります。

```
y = (2 + 3) * 5
```

　AND句とOR句は、掛け算と足し算の関係に似ています。数式と同じように、WHERE句の内容に**括弧**を付けて整理すると以下のようになります。

▶リスト3-64 AND句に括弧を付けたWHERE句の条件

```
sub_genre_id = '0603' OR (sub_genre_id = '0601' AND price = 2000)
```

　意図どおりの絞り込み条件にならなかった理由が明らかになりました。本来行いたかった絞り込み条件にするには、OR句 の左右を括弧で囲む必要があります。

▶リスト3-65 OR句に括弧を付けたWHERE句の条件

```
(sub_genre_id = '0603' OR sub_genre_id = '0601') AND price = 2000
```

　SELECT文全体を組み立て直すと以下のようになります。

▶ リスト3-66 括弧を利用して優先順位を指定したWHERE句

```sql
SELECT title,
       sub_genre_id,
       price
  FROM book
 WHERE (sub_genre_id = '0603' OR sub_genre_id = '0601')
   AND price = 2000
 ORDER BY published_at DESC
 LIMIT 3;
```

実行結果は以下のとおりです。

▶ リスト3-67 括弧を利用して優先順位を指定したWHERE句（実行結果）

```
                  title                  | sub_genre_id | price
-----------------------------------------+--------------+-------
 3ステップでしっかり学ぶC言語入門         | 0601         |  2000
```

サブジャンルIDが「0601」**かつ**価格が2,000円の書籍が取得できました。サブジャンルIDが「0603」**かつ**2,000円の書籍はテーブルに存在しないため、結果は1行のみです。

別のSELECT文でAND句とOR句の組み合わせについて確認しましょう。サブジャンルID「0603」と「0601」でそれぞれ別の価格を指定して行を絞り込みたい場合、以下のように記述できます。

▶ リスト3-68 サブジャンルIDごとに価格を指定したWHERE句

```sql
SELECT title,
       sub_genre_id,
       price
  FROM book
 WHERE sub_genre_id = '0603'
   AND price = 2180
    OR sub_genre_id = '0601'
   AND price = 2000
 ORDER BY published_at DESC
 LIMIT 3;
```

実行結果は以下のとおりです。

▶ リスト3-69 サブジャンルIDごとに価格を指定したWHERE句（実行結果）

```
                  title                  | sub_genre_id | price
-----------------------------------------+--------------+-------
 3ステップでしっかり学ぶC言語入門         | 0601         |  2000
 Perl徹底攻略                             | 0603         |  2180
 ゼロからわかるPerl言語超入門             | 0603         |   218
```

リスト3-68のWHERE句の部分に括弧を付けて整理すると以下のようになります。

▶リスト3-70 サブジャンルIDごとに価格を指定したWHERE句に括弧を付与

```
WHERE (sub_genre_id = '0603' AND price = 2180)
   OR (sub_genre_id = '0601' AND price = 2000)
```

　必須ではない括弧は省略するのが基本ですが、わかりやすさを優先する場合は付与してもよいでしょう。AND句とOR句を組み合わせる場合は、結合の優先順位についてよく理解し、必要に応じて括弧を付与してください。

3-4-5 BETWEEN句

　本節の最後に**BETWEEN句**について学びます。BETWEEN句は**ある範囲**を指定するために利用できる句です。

　たとえば、価格が2,500円から3,000円の間にある書籍を探し出したいとします。BETWEEN句を用いない場合、以下のSELECT文が候補になります。

▶リスト3-71 ある範囲をAND句で指定したSELECT文

```
SELECT title,
       price,
       published_at
  FROM book
 WHERE price >= 2500
   AND price <= 3000
 ORDER BY published_at DESC
 LIMIT 3;
```

　動作としては問題ありませんが、BETWEEN句を用いると以下のように1行で条件を表現できます。

▶リスト3-72 ある範囲をBETWEEN句で指定したSELECT文

```
SELECT title,
       price,
       published_at
  FROM book
 WHERE price BETWEEN 2500 AND 3000
 ORDER BY published_at DESC
 LIMIT 3;
```

　「<=」と「>=」を組み合わせた方法よりも、見とおしのよいSELECT文になりました。実行結果は以下のとおりです。

▶ リスト3-73 ある範囲をBETWEEN句で指定したSELECT文（実行結果）

```
              title              | price | published_at
--------------------------------+-------+--------------
 生命史図譜                      |  2680 | 2017-07-25
 海外を侵略する 日本＆世界の生き物 |  2680 | 2017-07-25
 かんたん Visual Basic           |  2640 | 2017-07-14
```

　さて、比較演算子を利用したさまざまな条件をAND句とOR句で組み合わせられることはすでに学びました。BETWEEN句もAND句と組み合わせて利用できます。

▶ リスト3-74 AND句とBETWEEN句の組み合わせ

```
SELECT title,
       sub_genre_id,
       price
  FROM book
 WHERE price BETWEEN 2500 AND 3000
   AND sub_genre_id = '0603'
 ORDER BY published_at DESC
 LIMIT 3;
```

　実行結果は以下のとおりです。

▶ リスト3-75 AND句とBETWEEN句の組み合わせ（実行結果）

```
                  title                   | sub_genre_id | price
------------------------------------------+--------------+-------
 きちんとわかる！ JavaScript とことん入門   | 0603         |  2740
 Webフロントエンド ハイパフォーマンス チューニング | 0603     |  2680
 Electronではじめるアプリ開発              | 0603         |  2680
```

　AND句だけではなくOR句との組み合わせも行えます。次のリスト3-76のように、BETWEEN句自体を複数指定することもできます。

▶ リスト3-76 複数のBETWEEN句

```
SELECT title,
       price,
       published_at
  FROM book
 WHERE price BETWEEN 2500 AND 3000
   AND published_at BETWEEN '2017-05-01' AND '2017-05-31'
 ORDER BY published_at ASC
 LIMIT 3;
```

　実行結果は以下のとおりです。

```
           title          | price | published_at
--------------------------+-------+--------------
 Intel Edisonマスターブック  | 2980  | 2017-05-10
 ネスペの基礎力             | 2560  | 2017-05-19
 ［改訂第3版］Jenkins実践入門 | 2980  | 2017-05-24
```

　価格が2,500円から3,000円の間、発売日が2017年5月1日から31日の間である行が取得できました。

　BETWEEN句は、数値や日付の範囲で行を絞り込むときによく用いられます。BETWEEN句で用いるANDと、AND句としてのANDを区別するよう意識しましょう。なお、BETWEEN句 を使用した場合、**以上 ～ 以下**という指定になります。**より大きい ～ 未満**という指定ではない点に注意してください。

まとめ

本節では前節の内容を発展させ、複数の条件をAND句とOR句で組み合わせたWHERE句についてと、範囲指定に便利なBETWEEN句について学びました。WHERE句に指定する条件は3つ、4つと多くなる場合もあります。その場合は、AND句とOR句の優先順位を意識しつつ、本節で解説したベン図を思い浮かべるとよいでしょう。次節では、LIMIT句のおさらいと、OFFSET句の解説を行います。

LIMIT句とOFFSET句でデータの取得位置を指定する

本節では、LIMIT句とOFFSET句について解説します。SELECT文にLIMIT句とOFFSET句を加えると、何番目のデータを取得するかといった、データの取得位置を指定できます。

3-5-1 LIMIT句のおさらい

データの取得位置を指定するには、LIMIT句とOFFSET句を使います。LIMIT句についてはすでにセクション3-1で解説しました。本書でも、ここまでたびたび利用しています。

▶**リスト3-78** LIMIT句を指定したSELECT文（おさらい）

```
SELECT title,
       published_at
  FROM book
 ORDER BY published_at ASC
 LIMIT 4;
```

リスト3-78は、LIMIT句の働きによりSELECT文の取得結果が4行に制限されるSQLです。実行結果は以下のとおりです。

▶**リスト3-79** LIMIT句を使ったSELECT文（実行結果）

```
          title          | published_at
-------------------------+--------------
 C言語による最新アルゴリズム事典 | 1991-02-25
 Numerical Recipes in C 日本語版 | 1993-05-25
 すぐわかるC/C++          | 1994-09-12
 Cプログラミング専門課程   | 1994-11-25
```

LIMIT句はここまで利用してきているので、理解しやすいかと思います。続いて、OFFSET句について解説します。

OFFSET句

OFFSET句は、行の**取得開始位置**を指定する働きを持ちます。OFFSET句を使用しない場合、SELECT文は先頭から行を取得します。先頭からではなく、2番目（2行目）から、3番目からといったように指定した位置から行を取得したい場合、OFFSET句が利用できます。OFFSET句を使ったSELECT文の例を以下に示します。

▶リスト3-80 OFFSET句を使ったSELECT文

```
SELECT title,
       published_at
  FROM book
 ORDER BY published_at ASC
 LIMIT 4
OFFSET 2;
```

このSQLの意味は以下のとおりです。

- book テーブルから title 列と published_at 列を対象として行を取得する
- 行は published_at 列の昇順で並べ替える
- **取得開始位置**を2に指定する
- 取得する件数を4行に限定する

リスト3-80の実行結果は以下のとおりです。

▶リスト3-81 OFFSET句を使ったSELECT文（実行結果）

```
                    title          | published_at
-----------------------------------+-------------
 すぐわかるC/C++                     | 1994-09-12
 Cプログラミング専門課程              | 1994-11-25
 実用入門 ディジタル回路とVerilog HDL | 1996-08-10
 新ANSI C言語辞典                    | 1997-04-24
```

OFFSET句を使用していない場合と使用した場合とで、異なる結果が得られました。
`LIMIT 4`を指定した場合と、`LIMIT 4 OFFSET 2`を指定した場合のSELECT文の結果を次の表に整理します。

タイトル	順位（LIMIT 4）	順位（LIMIT 4 OFFSET 2）
C言語による最新アルゴリズム事典	1	取得されていない
Numerical Recipes in C 日本語版	2	取得されていない
すぐわかるC/C++	3	1
Cプログラミング専門課程	4	2
実用入門 ディジタル回路とVerilog HDL	取得されていない	3
新ANSI C言語辞典	取得されていない	4

2つの順位を比較すると、`LIMIT 4 OFFSET 2`を指定した場合、ちょうど**2行分結果がずれている**ことがわかります。OFFSET句が行の取得開始位置を指定する働きを持つためです。OFFSET句の値を1に指定したSQLで動作を確認します。

▶ リスト3-82 OFFSET 1を指定したSELECT文

```
SELECT title,
       published_at
  FROM book
 ORDER BY published_at ASC
 LIMIT 4
OFFSET 1;
```

▶ リスト3-83 OFFSET 1を指定したSELECT文（実行結果）

```
              title                | published_at
-----------------------------------+--------------
 Numerical Recipes in C 日本語版    | 1993-05-25
 すぐわかるC/C++                    | 1994-09-12
 Cプログラミング専門課程            | 1994-11-25
 実用入門 ディジタル回路とVerilog HDL | 1996-08-10
```

結果の比較を次の表3-7にまとめます。

▶ 表3-7 OFFSET句の値による結果の違い

タイトル	順位（LIMIT 4）	順位（LIMIT 4 OFFSET 1）
C言語による最新アルゴリズム事典	1	取得されていない
Numerical Recipes in C 日本語版	2	1
すぐわかるC/C++	3	2
Cプログラミング専門課程	4	3
実用入門 ディジタル回路とVerilog HDL	取得されていない	4
新ANSI C言語辞典	取得されていない	取得されていない

`LIMIT 4`の結果と比較すると、`LIMIT 4 OFFSET 1`を指定した場合は、取得開始位置が1行分ずれていることがわかります。OFFSET句は、**指定した値 + 1**番目の行を先頭とし、以降の行を取得します。**指定した値**ではなく**指定した値 + 1**であることを忘れないでください。5番目から行を取得したい場合、`OFFSET 5`ではなく`OFFSET 4`です。`OFFSET 0`と指定した場合と、OFFSET句を省略した場合の結果は等しくなります。

あわせて用いられることの多いLIMIT句とOFFSET句ですが、ORDER BY句とASCおよびDESCの関係と異なり、それぞれが独立した句です。本書では「LIMIT → OFFSET」という順序で指定します。「OFFSET → LIMIT」という順序でも同様に動作します。

3-5-3 OFFSET句の活用場面

OFFSET句を使用することで、行の取得開始位置を指定できることはわかりました。OFFSET句はどのような場面で活用できるのでしょうか。一例として、Googleの検索結果のWebページを思い浮かべてください。Googleで「SQL」という単語で検索を行うと、検索結果が取得できます。

▶ **図3-8** Google検索

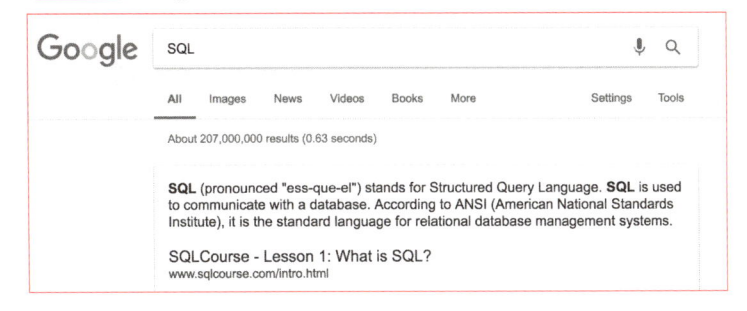

全体で2億件以上の検索結果が存在するようですが、検索結果ページには標準では10件のみ表示されます。行の取得結果が10件に制限されているので、SQLに置き換えると`LIMIT 10`が指定されている状態だといえます。

検索結果ページの下部に、[1 2 3 4...]という順番に並んだ数値が見つかります。

▶ **図3-9** Google検索結果のページネーション

ナビゲーションとして利用されるこの数値は「ページネーション」と呼ばれるユーザーインタフェースです。ページネーションの＜2＞をクリックすると、11番目から20番目の結果が表示されます。SQLに置き換えると、`LIMIT 10 OFFSET 10`が指定されている状態といえます。

　このように、全体としては件数の多い情報を分割して提供すること機能を「ページング」と呼びます。ページングは大量のデータを扱うWebサービスでは必須の機能です。LIMIT句およびOFFSET句はページング機能の提供に活用できます。

Column　OFFSET句の代替

　本節では、OFFSET句の活用例の中で、「ページングは大量のデータを扱うWebサービスでは必須の機能です。LIMIT句 および OFFSET句 はページング機能の提供に活用できます」と説明しました。

　OFFSET句の利用イメージを付けるための説明としては間違いではありません。しかし、実際には性能上の問題から OFFSET句が用いられない場合もあります。性能上の問題とは、OFFSET句を付与したことでSELECT文の実行から取得結果が得られるまでの時間が長くなってしまうことを指します。性能上の問題が生じるかについては、RDBMSに依存しますが、問題があった場合は代替手段を考える必要があります。ここでは、OFFSET句を利用せずにページング機能の提供を行う例を紹介します。

　以下のSQLは、b1テーブルから行を取得するSQLです。b1テーブルは全体で5行のデータを含んでいます。LIMIT句が付与されていることにより、そのうちの2件が取得できます。

▶リスト3-84 1ページ目の取得

```
SELECT *
  FROM b1
 ORDER BY id ASC
 LIMIT 2;
```

　実行結果は以下のとおりです。

▶リスト3-85 1ページ目の取得（実行結果）

```
id |          title          | published_at
---+-------------------------+--------------
 1 | Electronではじめるアプリ開発 | 2017-03-28
 2 | かんたん Perl            | 2016-01-16
```

　この続きを取得するにはOFFSET句が使えますが、今回の本題はOFFSET句の代替

手段です。次に示すのは、OFFSET句の代わりにWHERE句を利用して2ページ目を取得するSELECT文です。

▶ リスト3-86 OFFSET句を使わない2ページ目の取得

```
SELECT *
  FROM b1
  WHERE id > 2
  ORDER BY id ASC
  LIMIT 2;
```

`WHERE id > 2`に着目します。「2」という値はどこから求められた値でしょうか。リスト3-85のid列の最後の値が「2」でした。1ページ目では、`id = 2`までの行が取得できたので、このことを利用して`id > 2`と指定して続きを取得しています。
　実行結果は以下のとおりです。

▶ リスト3-87 OFFSET句を使わない2ページ目の取得（実行結果）

```
id |              title              | published_at
---+--------------------------------+-------------
 3 | 3ステップでしっかり学ぶPHP入門   | 2017-07-21
 4 | Pythonクローリング＆スクレイピング | 2016-12-16
```

OFFSET句を用いた場合と同様の結果が得られました。
　ただしこの代替手段が成立するのは、ORDER BY句で指定するソートの条件と、絞り込みの条件を一致させられる場合に限られます。ソートの条件がtitle列だった場合、`title > 'かんたん Perl'`という絞り込み条件は指定できません。ソート対象がtitle列ですので、`id > 2`という絞り込み条件も不適当です。代替できる場面に制約はあるものの、OFFSET句はWHERE句を使って代替が可能な場合があります。大きなデータを扱う場合には、このことを念頭に置いておくとよいでしょう。

本節では、LIMIT句 をおさらいした上で、OFFSET句について学びました。OFFSET句がデータの取得位置を指定できるという意味が理解できたでしょうか。ここまでに、基本的なSELECT文の構文を解説しました。SELECT句、FROM句、WHERE句、ORDER BY句、LIMIT句、OFFSET句を理解していれば、基本的なデータの取得には十分です。次章では、データの作成や変更を行う SQL について学んでいきます。

Column | SQLを身に付けるには

　SQLを本格的に学び始めたみなさんにとって、SQLは難しいでしょうか。それともやさしいでしょうか。筆者がSQL初心者であったころの悩みは「それぞれの意味はわからなくないけど、なかなか覚えられない」というものでした。

　筆者の経験を踏まえて、1つアドバイスがあります。それはコピー&ペーストに頼らず、自分の手でタイプして体になじませるというものです。

　SQLは構文が厳格に決まっており、そのほとんどが定型文です。したがって、Web上で入手できるSQLをコピーして、テーブル名や列名を変更すればそのまま動作することが多くあります。ORDER BY句やWHERE句の指定が増えるに従いSQL文は長くなり、1文字でも間違えると「syntax error」になるため、コピー&ペーストしたくなる気持ちはよくわかります。

　プログラミングを学ぶ方法に写経（しゃきょう）という方法があります。写経とは、仏教の経典やお経を書き写す行為を意味する言葉です。転じて、Web上のドキュメントや書籍の中に登場するプログラミングコードを書き写しながら学ぶ学習方法を指します。SQLを学ぶにあたって写経は特に有効です。SQLをタイプする際、流れを意識しながら行うとよいでしょう。

　SQLには、「SELECT → FROM → WHERE → LIMIT...」という流れがあります。「FROM句はWHERE句よりも前」という個別のルールを覚えることも重要ですが、英語を話すときに「SVCだから、主語（S）は動詞（V）よりも前だな」と考えていたのではスムーズに会話ができないように、個別のルールを意識しすぎるとSQLは難しく感じます。

　流れを意識、といっても具体的にどうすればよいかわからない方もいることでしょう。そんなときは、以下のサイクルを繰り返し行ってみてください。

1. SQLを書き写してみる（写経）
2. 書き写したSQLの列名や絞り込み条件を変更してみる
3. エラーが発生することを恐れずに、期待どおりの結果がでるまで書き直す
4. 別のSQLを書き写してみる

　繰り返しになりますが、上記のサイクルをコピー&ペーストで行わないことが重要です。何度もSQLをタイプしているうち、自然に流れがつかめてきます。似たパターンのSQLを何度も実行することで、一見複雑に見える構文にも、簡潔な法則性があることを感じられるようになるでしょう。

　本書がたびたびテーブルの内容をSELECT文で確認したり、サンプルコードにORDER BY句やLIMIT句を都度付与したりしているのは、実はこの流れを身に付けてほしいからでもあります。ぜひSQLの流れを感じながら学習を進めてください。

Chapter 4

データの作成・変更
（INSERT、UPDATE、DELETE）

本章では、テーブルのデータに対して変更を加えるためのSQLとして、INSERT文、UPDATE文、DELETE文について学びます。それぞれ、行の挿入、更新、削除の役割を担うSQLです。本章でデータの更新方法を一通り身に付けましょう。

4-1

INSERT文を使ってデータを挿入する

本節では、INSERT文を使ってテーブルに行を挿入する方法を学びます。SELECT文以外のSQLを扱うのは初めてなので、INSERT文を実行した場合によく遭遇するエラーを交えつつじっくり解説を行います。

4-1-1 基本的な INSERT文

　前章で学んだSELECT文でテーブルからデータを取得できるようになりました。次はテーブルの中のデータを操作するSQLを学んでいきましょう。まずはテーブルに**行を挿入するINSERT文**について説明していきます。本節では**b2**テーブルに対して行の挿入を行います。前章で利用した**b1**テーブルではないため注意してください。本書ではINSERT文を用いてデータを新規に作成すること、あるいは新規に登録することを**行の挿入**と表現します。「insert」という英単語が「挿入する」という意味を持つため、これに倣います。

　さて、行を挿入する前に、テーブルの状態を確認してみましょう。

▶リスト4-1　データ登録前のb2テーブルを確認

```
SELECT *
  FROM b2
 ORDER BY published_at DESC;
```

実行結果は以下のとおりです。

▶リスト4-2　データ登録前のb2テーブルを確認（実行結果）

```
id | title | published_at
----+-------+--------------
```

　上記の結果から、3つの列が存在することと、行はまだ存在しないことがわかりました。**id**列は書籍を特定するための番号で、ISBNコードの代わりだと考えてください。書籍にはISBNコードというコードが振られていますが、最大13桁の長さがある

ため、本節ではISBNコードの代わりのIDとして1桁の数値を利用します。`title`列は書籍の書籍名、`published_at`列は書籍の刊行日を意味します。

`b2`テーブルに対し、新しく行を挿入するには**INSERT文**を利用します。基本的なINSERT文を以下に示します。実行と実行結果の確認は後ほど行うので、ここではまだ実行しないでください。

▶**リスト4-3** 基本的なINSERT文

```
INSERT INTO b2 (id, title, published_at)
VALUES ('1', 'Pythonエンジニア ファーストブック', '2017-09-09');
```

今まで学んだSQLはすべて`SELECT`で始まっていました。リスト4-3に示したSQLは`INSERT`から始まっています。これがINSERT文です。リスト4-3は以下の処理を行います。

- `b2`テーブルに対して新規に行を挿入する
- 挿入する行について、`id`列、`title`列、`publishded_at`列の値は、それぞれ「1」、「Python エンジニアファーストブック」、「2017-09-09」である

INSERT文の基本構文を解説します。

▶**リスト4-4** INSERT文 基本構文

```
INSERT INTO [テーブル名] ([列名1], [列名2], ...)
VALUES ([列名1 に対応する値], [列名2 に対応する値], ...);
```

INSERT文では、`INSERT INTO`の次に行を挿入したいテーブル名を指定します。テーブル名に続けて、列名を列挙します。列名が複数ある場合はカンマ区切りとし、全体は括弧で囲みます。最後にVALUES句を記述します。`VALUES`の後に、挿入する値を記述します。このときの順序は、先に記述した列名の順序と対応します。列名同様、複数ある場合はカンマで区切り、全体を括弧で囲みます。

それではリスト4-3を実行してみます。INSERT文の実行後に結果を確認するためのSELECT文を付与したSQLを以下に示します。

▶**リスト4-5** INSERT文を実行し、結果を確認

```
INSERT INTO b2 (id, title, published_at)
VALUES ('1', 'Pythonエンジニア ファーストブック', '2017-09-09');

-- INSERT文 実行後の結果を確認
SELECT *
  FROM b2;
```

実行結果は以下のとおりです。

INSERT文を実行し、結果を確認（実行結果）

```
id |              title               | published_at
----+---------------------------------+--------------
  1 | Pythonエンジニア ファーストブック | 2017-09-09
```

INSERT文の実行前には行は存在しませんでしたが、リスト4-6では1行が取得できました。取得できた行がINSERT文のVALUES句に記述した内容であるため、INSERT文を利用して行が挿入されたことが確認できました。

4-1-2 INSERT文のバリエーション

INSERT文の構文はある程度柔軟に設計されており、場合によって列や値の指定を省略できます。INSERT文のバリエーションをいくつか解説します。

◉列名の指定を省略する

リスト4-5では、挿入対象の列名を指定しました。VALUES句にすべての列に対応する値を記述した場合、列名の指定は省略できます。次のSQLを見てみましょう。

▶リスト4-7　列の指定を省略したINSERT文

```
INSERT INTO b2
VALUES ('2', 'Chainerで学ぶディープラーニング入門', '2017-09-14');

-- INSERT文 実行後の結果を確認
SELECT *
  FROM b2
 ORDER BY id DESC;
```

実行結果は以下のとおりです。行が正しく挿入されていることが確認できます。

▶リスト4-8　列の指定を省略したINSERT文（実行結果）

```
id |              title               | published_at
----+---------------------------------+--------------
  2 | Chainerで学ぶディープラーニング入門 | 2017-09-14
  1 | Pythonエンジニア ファーストブック | 2017-09-09
```

列名指定の省略は記述量を減らせるメリットがある一方、INSERT文を見ただけではどの列に値を挿入しているかがわからなくなるデメリットがあります。慣れないうちは、列名の指定を省略しないことをおすすめします。

◉指定する列の順序を入れ替える

INSERT INTOに指定する列名の順序は入れ替え可能です。その場合、VALUES句に指定する値と順序を合わせることを忘れないようにします。リスト4-9は、これまで「id → title → publishded_at」という順で指定していた列の順序を「publishded_at → id → title」に入れ替えたINSERT文です。

▶リスト4-9 列の指定順序を入れ替えたINSERT文

```
INSERT INTO b2 (published_at, id, title)
VALUES ('2017-09-14', '3', 'Angular アプリケーションプログラミング');

-- INSERT文 実行後の結果を確認
SELECT *
  FROM b2
 ORDER BY id DESC;
```

実行結果は以下のとおりです。

▶リスト4-10 列の指定順序を入れ替えたINSERT文（実行結果）

```
id |               title                | published_at
----+------------------------------------+--------------
  3 | Angular アプリケーションプログラミング | 2017-09-14
  2 | Chainerで学ぶディープラーニング入門    | 2017-09-14
  1 | Pythonエンジニア ファーストブック      | 2017-09-09
```

列の指定順を入れ替えたINSERT文でも、正常にデータが挿入されました。このように列の指定順は任意に変更可能です。

◉値の指定を省略する

INSERT INTOおよびVALUESには、すべての列名と値を指定しなくてもよい場合があります。

▶リスト4-11 値の指定を省略したINSERT文

```
INSERT INTO b2 (id)
VALUES ('4');

-- INSERT文 実行後の結果を確認
SELECT *
  FROM b2
 ORDER BY published_at DESC;
```

実行結果は以下のとおりです。

```
id |              title                | published_at
----+----------------------------------+--------------
  4 | タイトル未定                      |
  2 | Chainerで学ぶディープラーニング入門 | 2017-09-14
  3 | Angular アプリケーションプログラミング | 2017-09-14
  1 | Pythonエンジニア ファーストブック   | 2017-09-09
```

1番目の行（id列の値が「4」の行）について、2つの点に注目します。

1つ目は、INSERT文から省略したtitle列に「タイトル未定」という値が挿入されている点です。これは、b2テーブルのtitle列には**初期値（DEFAULT VALUE）**が指定されていることが理由です。列の初期値については第11章で解説しています。ここでは、**初期値が指定されている列の場合、INSERT文での記述を省略すると初期値が採用される**ということだけ覚えておいてください。

2つ目は、published_at列の値に、値が何も入っていないように見える点です。実際には、published_at列の値には「NULL」という状態が登録されています。**NULLが許容されている列の場合、INSERT文での記述を省略するとNULLが挿入されます。**NULLについては第5章で詳しく解説しています。「NULLが許容されている」とはどのようなことを指すかについては、第11章で解説するので、そちらを参照してください。ここではINSERT文の指定を省略したことによって値がない状態で登録された、という理解で大丈夫です。

4-1-3 INSERT文のよくあるエラー

INSERT文を実行した際にしばしば遭遇するエラーをいくつか紹介します。

●列の値の数の不一致

INSERT文では、挿入対象にする列数とVALUES句に指定する値の数を一致させておく必要があります。次のリスト4-13は、列の指定が3つであるのに対し、VALUES句の値は2つしか指定されていません。

▶リスト4-13 VALUES句の値の数が足りないINSERT文

```
INSERT INTO b2 (id, title, published_at)
VALUES ('5', '2017-09-09');
```

実行の結果、以下のエラーが発生します。

```
ERROR:  INSERT has more target columns than expressions
LINE 1: INSERT INTO b2(id, title, published_at)
                                   ^
```

このエラーは列名の指定数の不一致により発生したものです。

●省略できない列

89ページのリスト4-11では、列名と値の指定を省略できる場合があることを示しました。逆に、指定を省略できない列も存在します。

▶リスト4-15 省略できない列を省略したINSERT文

```
INSERT INTO b2 (published_at)
VALUES ('2017-09-09');
```

実行の結果、以下のエラーが発生します。

▶リスト4-16 省略できない列を省略したINSERT文（実行結果）

```
ERROR:  null value in column "id" violates not-null constraint
DETAIL:  Failing row contains (null, タイトル未定, 2017-09-09).
```

id列は、**NULLが許容されていない**列です。また、初期値についても指定されていません。INSERT文において、そうした列の指定を省略しようとすると上記のエラーが発生します。

●値の重複

よく遭遇するエラーをもう1つ紹介します。次のリスト4-17は、すでにb2テーブルに存在するID「1」を再び登録しようと試みるINSERT文です。

▶リスト4-17 すでに存在するIDを指定したINSERT文

```
INSERT INTO b2 (id)
VALUES ('1');
```

実行の結果、以下のエラーが発生します。

▶リスト4-18 すでに存在するIDを指定したINSERT文（実行結果）

```
ERROR:  duplicate key value violates unique constraint "b2_pkey"
DETAIL: Key (id)=(1) already exists.
```

　上記のエラーは、値の重複が許されない列に対して、すでに存在する値を挿入しようとした場合に発生します。エラーメッセージの中に「unique」という言葉が見つかります。「unique」とは**一意（いちい）**という意味でここでは用いられています。これは**b2**テーブル内において、**id**列の値の重複は許されないということを意味します。このことを**一意制約**と呼びます。

　id列に一意制約がかけられている理由は、**id**列が**b2**テーブルの**プライマリキー**に指定されているからです。プライマリキーは、指定された列の値によってテーブルの行を**一意に特定**できることを示す目的で指定されます。プライマリキーや一意制約については第11章で詳しく解説しています。ここでは「重複すると困る行を挿入しようとした場合エラーになる」という程度の理解で問題ありません。

　エラーメッセージに含まれる「duplicate」は「重複の」という意味を持つ形容詞です。「duplicate」や「unique」という単語の含まれるエラーメッセージを見たら、挿入しようとしているデータの内容を確認するようにしましょう。

4-1-4 複数の行を一度に挿入する（BULK INSERT）

　ここまでにいくつかのINSERT文を解説しました。いずれも1行をのみを挿入するINSERT文でした。複数の行を挿入したい場合、登録したい数だけINSERT文を記述し実行すれば目的は達成できます。しかし、より簡易な方法があります。

　INSERT文では、VALUES句を以下のように記述することで複数行を一度に挿入できます。

▶リスト4-19 複数の行を一度に挿入するINSERT文

```
INSERT INTO b2 (id, title, published_at)
VALUES ('5', 'ビジュアル 高校数学大全' , '2017-09-26'),
       ('6', 'ねこ手帳 2018' , '2017-09-12');

-- INSERT文 実行後の結果を確認
SELECT *
  FROM b2
 ORDER BY id DESC
 LIMIT 5;
```

　実行結果は以下のとおりです。「ねこ手帳 2018」と「ビジュアル 高校数学大全」がそれぞれ挿入されています。

```
 id |                   title                   | published_at
----+-------------------------------------------+--------------
  6 | ねこ手帳 2018                             | 2017-09-12
  5 | ビジュアル 高校数学大全                   | 2017-09-26
  4 | タイトル未定                              |
  3 | Angular アプリケーションプログラミング    | 2017-09-14
  2 | Chainerで学ぶディープラーニング入門       | 2017-09-14
```

　INSERT文のVALUES句に複数行のデータを挙数する方法を **BULK INSERT** と呼びます。「bulk」は名詞の前に置くと「一括の」や「大口（おおぐち）の」という意味の形容詞として働きます。「一括でINSERTを行う」のでBULK INSERTと呼ばれます。

　BULK INSERTはINSERT文を繰り返し記述する方法に比べ、短いSQLで済みます。また、BULK INSERTは大量にデータを挿入する場合に性能面での優位性があり、より速く処理を終えられる可能性があります。複数行を挿入する場合はBULK INSERTを利用しましょう。

まとめ

本節では、INSERT文の基本について学びました。前章ではあらかじめ存在する行の取得をするのみでしたが、INSERT文を身に付けたことによって、行の挿入ができるようになりました。慣れないうちは実行するたびにエラーメッセージを目にするかもしれません。落ち着いてエラーメッセージを確認し、適切なINSERT文に修正してください。次節では、行の更新を行うUPDATE文について学びます。

4-2 UPDATE文を使ってデータを更新する

前節では、INSERT文を使ってテーブルに行を挿入する方法を学びました。しかし、新規に挿入するのではなく、既存のデータを更新したいこともあります。本節では、UPDATE文を使ってテーブルに存在する行の内容を更新する方法を学びます。

4-2-1 基本的なUPDATE文

テーブルにデータを挿入する方法はわかりました。次はテーブルにすでにあるデータを更新する方法を学んでいきましょう。更新とは、ある値をある値に変更することを意味します。データの更新には**UPDATE文**を使用します。

まずは実際にUPDATE文の動きを見ていきます。本節では前節で利用した**b2**テーブルを利用します。**b2**テーブルの内容を確認してみましょう。

▶リスト4-21 データ更新前のb2テーブルを確認

```
SELECT *
  FROM b2
 ORDER BY published_at DESC;
```

実行結果は以下のとおりです。

▶リスト4-22 データ更新前のb2テーブルを確認（実行結果）

```
id |                title                | published_at
---+-------------------------------------+-------------
 4 | タイトル未定                        |
 5 | ビジュアル 高校数学大全             | 2017-09-26
 2 | Chainerで学ぶディープラーニング入門 | 2017-09-14
 3 | Angular アプリケーションプログラミング | 2017-09-14
 6 | ねこ手帳 2018                       | 2017-09-12
 1 | Pythonエンジニア ファーストブック   | 2017-09-09
```

上記の行は、前節で登録した行です。もし、本節から読み始めた場合などで該当の行が存在しない場合、前節の内容にしたがって行を挿入してください。

b2テーブルに対し、行の更新を行うには**UPDATE文**を利用します。基本的なUPDATE文を以下に示します。

▶**リスト4-23** 基本的なUPDATE文

```
UPDATE b2
   SET title = 'SQL 入門（仮）'
 WHERE title = 'タイトル未定';
```

上記のSQLは以下の処理を行っています。

- b2 テーブルに対して更新を行う
- 更新対象となるのは、title列の値が「タイトル未定」の行
- 更新対象の行について、title列の値を「SQL 入門（仮）」に更新する

UPDATE文の基本構文は次のとおりです。

▶**リスト4-24** UPDATE文基本構文

```
UPDATE [テーブル名]
   SET [列名1] = [値], [列名2] = [値], ...
 WHERE [列名1] [比較演算子] [条件];
```

UPDATEに続けて更新対象とするテーブル名を指定します。SETには、更新する列と、更新後の値を「=」でつなげて記述します。複数の列を更新対象とする場合、列と値のペアをカンマ区切りで列挙できます。更新対象とする行を、WHERE句を使用して絞り込みます。このときのWHERE句の使い方は、SELECT文の場合と同様です。

UPDATE文ではWHERE句の利用は必須ではありません。しかし、多くの場合WHERE句を利用して更新対象の行を絞り込むことになります。WHERE句を記述しない場合、すべての行が更新対象になるためです。もちろんすべての行を更新する目的であればWHERE句は不要です。

それではUPDATE文を実行してみましょう。次のSQLは書籍のタイトルを変更するUPDATE文です。

```
UPDATE b2
   SET title = 'SQL 入門 (仮) '
 WHERE title = 'タイトル未定';

-- UPDATE文 実行後の結果を確認
SELECT *
  FROM b2
 ORDER BY published_at DESC
 LIMIT 3;
```

実行結果は以下のとおりです。

▶リスト4-26 タイトルを更新するUPDATE文（実行結果）

```
id |            title             | published_at
----+------------------------------+--------------
  4 | SQL 入門 (仮)                |
  5 | ビジュアル 高校数学大全       | 2017-09-26
  2 | Chainerで学ぶディープラーニング入門 | 2017-09-14
```

　UPDATE文の実行前は、id列の値が「4」の行のtitle列の値は「タイトル未定」でした。UPDATE文の実行後、タイトルが「SQL 入門 (仮)」に変更されました。UPDATE文が正しく動作し、テーブルの内容を更新することができました。

4-2-2 複数の値を更新するUPDATE文

　リスト4-25では、SET句に指定したのはtitle列のみでした。UPDATE文は複数列の値を一度に更新できます。

▶リスト4-27 複数の列値を更新するUPDATE文

```
UPDATE b2
   SET title = 'データベース入門 (仮) ', published_at = '2017-12-25'
 WHERE id = '4';

-- UPDATE文 実行後の結果を確認
SELECT *
  FROM b2
 ORDER BY published_at DESC
 LIMIT 3;
```

実行結果は以下のとおりです。

▶**リスト4-28** 複数の値を更新するUPDATE文（実行結果）

```
id |                 title                 | published_at
---+---------------------------------------+-------------
 4 | データベース入門（仮）                 | 2017-12-25
 5 | ビジュアル 高校数学大全                | 2017-09-26
 2 | Chainerで学ぶディープラーニング入門    | 2017-09-14
```

タイトルと発売日が変更されました。

この例では 更新対象となる行が1行になるような絞り込み条件をWHERE句に指定していました。WHERE句の絞り込み結果が1行ではなく複数行であれば、複数行が更新対象になります。また、UPDATE文にWHERE句を使用せず、すべての行を更新対象とすることも可能です。意図的に実施する場合は問題ありませんが、誤って対象でない行まで更新してしまわないよう注意してください。

本節では、UPDATE文の基本について学び、UPDATE文を使った行の更新ができるようになりました。次節では、行の削除を行うDELETE文について学びます。

4-3 DELETE文を使って データを削除する

ここまでに、SELECT文、INSERT文、UPDATE文について学び、データの取得、挿入、更新が行えるようになりました。次はデータの削除について学びましょう。本節では、DELETE文を使ってテーブルに存在する行を削除する方法を解説します。

4-3-1 基本的なDELETE文

データベースを扱うとき、テーブルからデータを削除したい場合があります。そのようなときは、**DELETE文**を使用します。DELETE文は、指定した行を削除する働きを持ちます。

本節では前節に引き続き、セクション4-1で利用した**b2**テーブルを利用します。b2テーブルの状態をもう一度確認しましょう。

▶**リスト4-29** b2テーブルを確認

```
SELECT *
  FROM b2
 ORDER BY id ASC;
```

実行結果は以下のとおりです。

▶**リスト4-30** b2テーブルを確認（実行結果）

```
 id |                title                | published_at
----+-------------------------------------+--------------
  1 | Pythonエンジニア ファーストブック   | 2017-09-09
  2 | Chainerで学ぶディープラーニング入門 | 2017-09-14
  3 | Angular アプリケーションプログラミング | 2017-09-14
  4 | データベース入門（仮）              | 2017-12-25
  5 | ビジュアル 高校数学大全             | 2017-09-26
  6 | ねこ手帳 2018                       | 2017-09-12
```

上記の結果は、セクション4-1で行を挿入、およびセクション4-2で行を更新した後の状態です。もし本節から読み始めた場合などで該当の行が存在しない場合、前節までの内容にしたがって行を挿入してください。

b2テーブルに対し、行の削除を行うには**DELETE文**を利用します。基本的な
DELETE文を以下に示します。

▶ リスト4-31 基本的なDELETE文

```
DELETE
  FROM b2
 WHERE published_at = '2017-12-25';
```

上記のSQLは以下の処理を行います。

・ b2 テーブルから行を削除する
・ 削除対象の行は、publishded_at 列が「2017-12-25」の行

DELETE文 の基本構文を解説します。

▶ リスト4-32 DELETE文 基本構文

```
DELETE
  FROM [テーブル名]
 WHERE [列名1] [比較演算子] [条件]...;
```

DELETE文は、FROM句に続けて削除対象とするテーブル名を指定します。削除処
理は、**行**に対して行われます。特定の列のみが削除対象になることはありません。
WHERE句を使用して削除対象となる行の条件を絞り込みます。条件の指定方法は
SELECT文の場合と同様で、「=」や「>」などの比較演算子を用います。
　それではリスト4-31のDELETE文を実行してみましょう。

▶ リスト4-33 DELETE文を使った行削除

```
DELETE
  FROM b2
 WHERE published_at = '2017-12-25';

-- DELETE文  実行後の結果を確認
SELECT *
  FROM b2
 ORDER BY id ASC;
```

　実行結果は以下のとおりです。リスト4-30と比較すると、1行削除されていること
がわかります。

▶ リスト4-34 DELETE文を使って1行削除（実行結果）

```
id |                      title                      | published_at
----+------------------------------------------------+--------------
  1 | Pythonエンジニア ファーストブック              | 2017-09-09
  2 | Chainerで学ぶディープラーニング入門            | 2017-09-14
  3 | Angular アプリケーションプログラミング         | 2017-09-14
  5 | ビジュアル 高校数学大全                        | 2017-09-26
  6 | ねこ手帳 2018                                  | 2017-09-12
```

　DELETE文ではWHERE句の利用は必須ではありませんが、WHERE句の指定を行わないとすべての行が削除対象になります。「1行削除するつもりがすべての行を削除してしまった」ということにならないよう注意してください。意図しない行が削除されないよう、SELECT文を使ってWHERE句の指定が正しいかどうか確認してからDELETE文を実行することをおすすめします。

　SELECT文で削除対象を確認してからDELETE文を実行する流れを確認しておきましょう。発行日が2017年9月10日より新しい書籍のデータを削除したいとします。WHERE句の条件としては `published_at > '2017-09-10'` です。削除前に同じWHERE句の条件を用いてSELECT文を実行します。

▶ リスト4-35 SELECT文で削除対象の行を確認

```
SELECT *
  FROM b2
 WHERE published_at > '2017-09-10'
 ORDER BY published_at DESC;
```

　実行結果は以下のとおりです。

▶ リスト4-36 SELECT文で削除対象の行を確認（実行結果）

```
id |                      title                      | published_at
----+------------------------------------------------+--------------
  5 | ビジュアル 高校数学大全                        | 2017-09-26
  2 | Chainerで学ぶディープラーニング入門            | 2017-09-14
  3 | Angular アプリケーションプログラミング         | 2017-09-14
  6 | ねこ手帳 2018                                  | 2017-09-12
```

　4行が取得でき、発行日がすべて2017年9月10日より新しいことが確認できました。WHERE句が正しいことがわかったので、DELETE文を実行します。

▶ **リスト4-37** DELETE文を使って行削除2

```
DELETE
  FROM b2
 WHERE published_at > '2017-09-10';

-- DELETE文 実行後の結果を確認
SELECT *
  FROM b2;
```

　実行結果は以下のとおりです。リスト4-36で確認した4行が削除されていることがわかります。

▶ **リスト4-38** DELETE文を使って行削除2（実行結果）

```
 id |              title              | published_at
----+---------------------------------+--------------
  1 | Pythonエンジニア ファーストブック | 2017-09-09
```

　このように、DELETE文の実行前には同じWHERE句のSELECT文を実行しておき、意図どおり行が絞り込めているか、必ず確認しておくようにしましょう。

本節ではDELETE文の基本について学び、行の削除が行えるようになりました。DELETE文はシンプルな構文ですが、意図しない行を削除しないよう注意して利用してください。これで、SELECT、INSERT、UPDATE、DELETEというデータベースの基本操作ができるようになりました。次章では、SQLの理解を深めるため、データ型と演算子について学びます。

データベースを扱っていると、CRUD（クラッド）という言葉をよく耳にします。CRUDは、以下の4つの言葉の頭文字からなる言葉です。

- ・Create（作成）
- ・Read（読み込み）
- ・Update（更新）
- ・Delete（削除）

CRUDはコンピュータにおけるデータ操作全般に対して用いられる言葉です。みなさんがお使いのコンピュータ上でも、ファイルやフォルダの作成や更新、削除といった操作は日常的に行われています。

RDBMS において CRUD は基本機能といえます。本書を読み進めた読者であれば、CRUDがどのSQLに対応しているか想像がつくでしょう。「Create」の「C」がINSERT文、「Read」の「R」がSELECT文、「Update」の「U」がUPDATE文、「Delete」の「D」がDELETE文です。

システム開発において、CRUDはどの機能がどのデータベーステーブルを操作するかという情報をCRUD表という形式で整理することがあります。

▶ **表4-1** CRUD表のサンプル

機能	書籍マスタ	注文テーブル
書籍登録	C - - -	- - - -
書籍更新	- - U D	- - - -
書籍検索	- R - -	- R - -
注文登録	- - - -	C - - -
注文照会	- R - -	- R - -
注文取消	- - - -	- - - D

上記の表から、「書籍登録」機能は「書籍マスタ」に対してデータの作成を行うことがわかります。「注文照会」機能は「書籍マスタ」と「注文テーブル」に対してデータの読み込みを行うことがわかります。

CRUD表は大規模で複雑なシステムを開発する場合に機能とテーブルの関係性を明らかにする目的で作成されることがあります。

システム開発の現場で「クラッド」という言葉が聞こえたら「CRUD」を思い浮かべるとよいでしょう。

Chapter 5

データ型

データベースにはデータ型と呼ばれるしくみがあります。これまでSQLを解説するにあたりデータ型には触れずに進めてきました。本節では、データ型について解説した上で、文字型や数値データ型といった基本的なデータ型について学びます。配列型やJSON型などの比較的新しく登場したデータ型についても解説しています。

Chapter 5 データ型

5-1

データ型とは

データ型とは、そのデータがどんな種類のデータなのかを示す定義のことです。私たちは普段「あいうえお」は文字列、「123」は数字、という区別を無意識に行っています。RDBMSの世界においては、データ型でデータの種類を定義しています。

5-1-1 データ型の役割

RDBMSでは、テーブルの列はデータ型と呼ばれる、データの種類に関する定義を持ちます。bookテーブルを例にすると、isbn列は文字型、price列は数値データ型、といったように、テーブルの各列がそれぞれのデータ型を持っています。

データ型には、文字型や数値データ型などいくつかの種類があります。本章で解説するデータ型の一例を以下に示します。

- 文字型
- 数値データ型
- 日付／時刻型
- 真偽値型
- 配列型

書籍名をデータベースで管理したいとき、どのようなデータ型がふさわしいと考えられるでしょうか。書籍名は「Pythonクローリング＆スクレイピング」や「改訂2版パーフェクトRuby」といった文字列であるため、文字型が適当でしょうか。

また、書籍の価格については、どうでしょうか。「1,980円」や「2,500円（税込み）」といった文字列として扱ってよいでしょうか。それとも、「1980」や「2500」など数値として扱うのがよいでしょうか。

5-1-2 データ型の使い分け

データ型を使い分ける理由として、1つはRDBMSが適切かつ効率的にデータを処理できるようにするというものが挙げられます。数値として計算したいデータを文字列として指定してしまうと、そもそも扱うことができなかったり、無駄な処理（オーバーヘッド）が生じパフォーマンスの低下を招いたりします。RDBMSやコンピュータの動作原理については本書の扱う範囲外ですので詳細は割愛しますが、重要な点は各データ型の解説時にあわせて解説します。

実用上の観点からは、データ型を定義することでどのようなデータを扱うのか自明になるというメリットがあります。数値データ型として定義された列は、数値を扱い、計算に利用される可能性があることを想像できます。時刻型として定義された列には、時刻データが含まれていることがわかります。データ型によっては、所定のフォーマット以外のデータ登録を受け付けない制約として機能します。たとえば数値データ型の場合、アルファベット（ABC……）を挿入しようとした場合にエラーが発生します。これは、意図しないデータの混入を防ぐのに役に立ちます。

どのようなデータを扱うかにより、適切なデータ型は異なります。データ型はデータの性質から判断する必要があり、そのためにデータ型の基本知識が必要不可欠です。次節以降、文字型や数値データ型をはじめとする代表的なデータ型について、どのような特徴を持ち、どのようなデータを管理するのに適切かを解説します。

5-1-3 データ型の確認

各データ型の解説に入る前に、すでに存在するテーブルにどのようなデータ型が利用されているのか確認します。テーブルのデータ型を確認するために、まずbookテーブルに対してSELECT文を実行してみます。

▶ **リスト5-1** データ型確認のための SELECT

```
SELECT sub_genre_id, title, price, published_at
  FROM book
 ORDER BY published_at ASC
 LIMIT 2;
```

実行結果は以下のとおりです。

```
 sub_genre_id |                title                | price | published_at
--------------+-------------------------------------+-------+--------------
 0601         | C言語による最新アルゴリズム事典       | 2330  | 1991-02-25
 0601         | Numerical Recipes in C 日本語版      | 4757  | 1993-05-25
```

テーブルの内容はわかりますが、SELECT文では、あくまで各行の値が出力されているに過ぎません。厳密にどのデータ型が定義されているか知るには、以下のコマンドを実行する必要があります。

▶ リスト5-3 テーブル定義を確認するコマンド

```
\d book
```

\dという構文が初めて登場しました。これは**メタコマンド（バックスラッシュコマンド）**という PostgreSQL特有のコマンドの1つです。メタコマンドはテーブル一覧の取得やテーブル定義の確認といった、データベースの管理に関わるさまざまな機能を提供するものです。メタコマンドを実行する場合、末尾のセミコロン（;）は不要です。本書では、SQLの学習の手助けとなるメタコマンドのいくつかを利用します。リスト5-3のメタコマンドの実行結果は以下のとおりです。

▶ リスト5-4 テーブル定義を確認（実行結果）

```
                               Table "public.book"
      Column       |             Type             |            Modifiers
-------------------+------------------------------+-------------------------------
 isbn              | character varying(13)        | not null
 sub_genre_id      | character(4)                 | not null
 programing_language | character varying(64)      | default NULL::character varying
 title             | character varying(191)       | not null
 author            | character varying(500)       | default NULL::character varying
 published_at      | date                         | not null
 price             | integer                      | not null
 is_stock          | boolean                      | not null default true
 url               | character varying(2024)      | not null
 created_at        | timestamp without time zone  | not null
 updated_at        | timestamp without time zone  | not null
Indexes:
    "book_pkey" PRIMARY KEY, btree (isbn)
    "idx_book__is_stock" btree (is_stock)
    "idx_book__price" btree (price)
    "idx_book__published_at" btree (published_at)
    "idx_book__sub_genre_id" btree (sub_genre_id)
Foreign-key constraints:
    "book_sub_genre_id_fkey" FOREIGN KEY (sub_genre_id) REFERENCES sub_genre(id)
```

1列目のColumnが列名、2列目のTypeが**データ型**です。リスト5-1では、sub_genre_id、title、price、published_atの4つの列を対象にしました。

これらの列に注目して、列とそのデータ型を次の表5-1にまとめます。

▶ **表5-1** book テーブルの列のデータ型（一部）

列名	データの種類	データ型（長さ）	値の例
sub_genre_id	文字	character(4)	0601
title	文字	character varying(191)	C言語による最新アルゴリズム事典
price	数値	integer	2330
published_at	日付	date	1991-02-25

上記の表の「データの種類」は、データ型を簡易的に理解するために付与した参考情報で、データベース上の正確な定義は「データ型」の部分です。

sub_genre_idには サブジャンルコードが登録されています。「0401」や「0601」など数字のみで構成されているため数値として扱ってもよさそうですが、サブジャンルコードは足し算や引き算をするものではなく、ジャンルを特定するために割り振られている値です。したがって文字列として扱うのが適当です。

titleは書籍のタイトルですので、文字列です。priceは価格を示す列です。価格は合計や最大値を求めるといった計算を行うので、数値として扱います。出版日を示すpublished_atは日付として扱います。

book テーブルに含まれる 4つの列では、**文字**、**数値**、**日付**というデータの種類を扱っていることがわかりました。データ型として、character、character varying、interger、dateが登場しました。以後、これらも含めた各データ型について詳しく見ていきます。

本節では、データ型の役割と意義について解説しました。RDBMSにはさまざまなデータ型があり、扱うデータに応じて適切なデータ型を定義することが求められます。次節からは各データ型の解説を始めます。

5-2

文字型

文字型は、文字あるいは文字列を扱うデータ型です。PostgreSQLでは、CHARACTER型、CHARACTER VARYING型、TEXT型の3つの文字型があります。それぞれの文字型の特徴を把握しましょう。

5-2-1 文字型の種類

文字型に区分されるデータ型は複数存在します。文字型について下の表5-2にまとめます。データ型のエイリアス（別名）は、よく用いられるもののみを記載しています。

▶**表5-2** 表.文字型とその定義

データ型	エイリアス	定義	値の例
CHARACTER(n)	CHAR(n)	固定長文字列	JPN, 0601
CHARACTER VARYING(n)	VARCHAR(n)	可変長文字列	C言語による最新アルゴリズム事典
TEXT	−	可変長文字列（長さ制限なし）	コンピュータの算法に関わるアルゴリズムの定石, レトリックを可能な限り収録...

文字型のデータ型について確認するために、学習用環境のtype_charテーブルを利用します。type_charのテーブル定義は以下のメタコマンドで確認できます。

▶**リスト5-5** type_charテーブルの定義を確認

```
\d type_char
```

実行結果は以下のとおりです。

```
                          Table "public.type_char"
     Column    |         Type         |              Modifiers
---------------+----------------------+--------------------------------------
 id            | integer              | not null default nextval (略)
 country_code  | character(3)         | default NULL::bpchar
 country_name  | character varying(45)| default NULL::character varying
 description   | text                 |
Indexes:
    "type_char_pkey" PRIMARY KEY, btree (id)
```

country_code列、country_name列、description列の3つの文字型データ型について、それぞれ詳しく見ていきましょう。なお、本書ではCHARACTERとCHARACTER VARYINGについて、それぞれのエイリアスであるCHAR、VARCHARと表記します。

5-2-2 固定長文字列 - CHAR

まずは固定長文字列である**CHAR**から解説します。表5-2のデータ型には、「(n)」という表記があります。nは任意の大きさの数値で、ここに指定した数値が文字列の長さとして利用されます。

固定長とは、長さが固定されている文字列のことです。固定長文字列は、定義した長さ以上のデータを登録できません。ここでいう**長さ**とは文字数のことで、文字のバイト数ではありません。「あいうえお」という文字の場合、長さは5です。「abc」の場合、長さは3となります。

CHARは、あらかじめ長さが統一されていることが明らかなデータを扱うのに適しています。たとえば、国際標準化機構（ISO）の定める「ISO 3166-1 alpha-3」では、世界の国々の略称を3文字のアルファベットで定義しています。日本なら「JPN」、フランスなら「FRA」など、必ず3文字で構成されるためCHAR(3)と定義できます。

以下のINSERT文は、type_charテーブルのcountry_code列に文字列「jpn」を登録するSQLです。INSERT文は正常に実行されます。

▶リスト5-7 country_code列に「jpn」を登録

```
INSERT INTO type_char (country_code)
VALUES ('jpn');
```

リスト5-6に示したとおり、country_code列はCHAR(3)で定義されています。それでは、次のSQLを実行するとどうなるでしょうか。以下のINSERT文は、type_charテーブルのcountry_code列に文字列「japan」を登録するSQLです。

▶リスト5-8 country_codeに「japan」を登録

```
INSERT INTO type_char (country_code)
VALUES ('japan');
```

実行すると、以下のとおりエラーが発生します。

▶リスト5-9 country_codeに「japan」を登録（実行結果）

```
ERROR:  value too long for type character(3)
```

これは、定義された長さ（3文字）よりも長い文字列（5文字）を登録しようとしたためです。固定長文字列では定義した長さ以上の文字は登録できません。しかし、定義した長さより短い長さの文字列は登録できます。その場合、差分は空白で埋められます。次の例はcountry_code列に文字列「jp」を登録するSQLです。

▶リスト5-10 country_code に「jp」を登録

```
INSERT INTO type_char (country_code)
VALUES ('jp');

-- INSERT文 実行後の結果を確認
SELECT id,
       country_code
  FROM type_char
 WHERE country_code IS NOT NULL
 ORDER BY id ASC;
```

実行結果は以下のとおりです。

▶リスト5-11 country_code に 'jp' を登録（実行結果）

```
id | country_code
----+--------------
 1 | jpn
 2 | jp
```

2文字の文字列「jp」が登録されました。紙面上だと区別が付きませんが、「jp」の後ろには半角1文字分の空白が埋められています。

5-2-3 可変長文字列 - VARCHAR

VARCHARは可変長文字列です。CHARと同様に、あわせて長さを定義します。CHARとの違いは、登録データが定義した長さに満たなかった場合に末尾の空白が保持され

ず切り詰められる点です。最大の文字数のみ決まっている場合は VARCHAR を使います。

例を見ていきましょう。以下の SQL は正常に実行できます。

▶ リスト5-12 country_name に「日本」を登録

```sql
INSERT INTO type_char (country_name)
VALUES ('日本');

-- INSERT文 実行後の結果を確認
SELECT id,
       country_name
  FROM type_char
 WHERE country_name IS NOT NULL
 ORDER BY id ASC;
```

実行結果は以下のとおりです。

▶ リスト5-13 country_name に「日本」を登録（実行結果）

```
id | country_name
---+--------------
 3 | 日本
```

定義した文字長以上のデータを登録しようとするとエラーが発生するのは CHAR と同様です。それでは、VARCHAR である country_name 列に、数値データを登録するとどうなるでしょうか。

▶ リスト5-14 country_name に数値の1を登録

```sql
INSERT INTO type_char (country_name)
VALUES (1);

-- INSERT文 実行後の結果を確認
SELECT id,
       country_name
  FROM type_char
 WHERE country_name IS NOT NULL
 ORDER BY id ASC;
```

実行結果は以下のとおりです。

▶ リスト5-15 country_name に数値の1を登録（実行結果）

```
id | country_name
---+--------------
 3 | 日本
 4 | 1
```

データは数値として登録されたのでしょうか。挿入した行を取得するために、以下

のSELECT文を実行してみます。

▶リスト5-16 country_name = 1で検索

```
SELECT id,
       country_name
  FROM type_char
 WHERE country_name = 1;
```

このSQLを実行すると、以下のエラーが発生します。

▶リスト5-17 country_name = 1で検索（実行結果）

```
LINE 3:  WHERE country_name = 1;
                              ^
HINT:  No operator matches the given name and argument type(s). You might need to add
explicit type casts.
```

このエラーは、WHERE句に含まれる条件指定と、対象の列のデータ型に不整合が生じたことを示しています。エラーを解消するには、WHERE句を以下のように変更します。

▶リスト5-18 country_name = '1' で検索

```
SELECT id,
       country_name
  FROM type_char
 WHERE country_name = '1';
```

country_name = 1であった部分を、数値をシングルクォートで囲い country_name = '1'に変更しました。シングルクォートで囲ったことで、数値の「1」ではなく文字列の「1」として扱うようになります。実行結果は以下のとおりです。

▶リスト5-19 country_name = '1' で検索（実行結果）

```
 id | country_name
----+--------------
  4 | 1
```

これはリスト5-14を実行した際に、データが暗黙的に**キャスト**されたことを意味しています。キャストとは、データ型の変換のことです。キャストされた結果、country_name列には 数値の「1」ではなく文字列として「1」が登録されたのです。

ここでは暗黙的なキャストについて触れましたが、PostgreSQLでは、暗黙的なキャストや値の丸めが働く場合がいくつかあります。明示的なキャストについては第6章で解説しています。

5-2-4　可変長文字列（長さ指定なし）- TEXT

　TEXTはVARCHARと同様の可変長文字列です。VARCHARとの違いは長さを定義しなくてよいことです。たとえば、ある文書の本文を保存する場合など、長さが可変であり、最大文字数が特に決められていない文字列を扱うのに適しています。基本的な振る舞いとしてはVARCHARと同じです。

　長さの制限がないといっても、本当に無制限にデータを保存できるわけではありません。PostgreSQLの場合、公式ドキュメント（https://www.postgresql.org/docs/10/static/datatype-character.html）　に、「In any case, the longest possible character string that can be stored is about 1 GB.」という記述がある通り、文字型に保存できるデータのサイズは1GBまでと定められています。TEXT型もこの制限を受けます。1GBのデータというのは、1文字を3バイトとした場合、3億文字以上の文字列を含められる計算になります。よほど巨大なデータを扱う場合を除いて、実用上は制限なしと考えてよいでしょう。

本節では、最も基本的なデータ型である文字型について学びました。文字型のデータ型を利用する場合、扱う文字列がどの程度の長さであるのかを検討し、適切なデータ型を選択してください。次節では、数値データ型を解説します。

Column 文字型をどう使い分けるか？

　文字型としてCHARとVARCHARの使い分けについて悩む場合があります。PostgreSQL
の場合、VARCHARと比較したときにCHARを利用する実用上のメリットはないため、
VARCHARを選択して問題ありません。一方、VARCHARとTEXTの違いは長さの定義の有無
であることを学びました。では、より長い文字列を扱えるTEXTを常に使えばよいので
しょうか。

　明確にVARCHARを利用したほうがよい例を紹介します。Emailアドレスをデータベ
ースで管理する場面を想定します。メールアドレスは、「taro@example.com」や
「hanako@example.jp」といった文字列です。メールアドレスをTEXTで管理すること
もできますが、メールアドレスは仕様が決められており、全体で254文字以内という
ことになっています（Path全体の最大長256文字から、「<>」の囲い2文字を引いた
値）。このような場合、TEXTで定義した列は、254文字よりも長い文字列を保存できます。
VARCHAR(254)と定義しておくことで、メールアドレスとして明らかに不正な長さの文
字列が登録されることを防止できます。

　そのほかに、RDBMSによっては、第11章で解説する**インデックス**を利用する際に
VARCHARのほうが都合がよい場合があります。

5-3

数値データ型

本節では数値データ型について解説します。数値を扱うデータ型というと単純に聞こえますが、多くのデータ型があり、奥の深いデータ型の1つであるといえます。代表的な数値データ型を使い分けられるようになりましょう。

5-3-1 数値データ型の種類

　次は数値データ型について学んでいきましょう。数値データ型は、数値を扱うデータ型です。一口に数値といっても、データベースにおいて**数値の定義**は細分化されています。よく利用される数値データ型について下記の表5-3にまとめます。

▶表5-3 数値データ型とその定義

データ型	エイリアス	定義	値の例
INTEGER	INT	4バイト符号付整数 (-2147483648 ～ 2147483647)	123000, -456000
BIGINT	INT8	8バイト符号付整数 (-9223372036854775808 ～ 9223372036854775807)	12300000000
SMALLINT	INT2	2バイト符号付整数(-32768 ～ 32767)	123, -456
REAL	FLOAT4	単精度浮動小数点 (6桁までの整数または小数)	3.14151
DOUBLE PRECISION	FLOAT8	倍精度浮動小数点 (15桁までの整数または小数)	3.14151265358979
NUMERIC (p, s)	DECIMAL (p, s)	固定小数点型	2.100
SERIAL	SERIAL4	自動増分4バイト整数	5
BIGSERIAL	SERIAL8	自動増分8バイト整数	10

　数値型のデータ型について確認するために、学習用環境の`type_numeric`テーブルを利用します。`type_numeric`のテーブル定義は以下のメタコマンドで確認できます。

```
\d type_numeric
```

実行結果は以下のとおりです。

▶リスト5-21 type_numericテーブルの定義を確認（実行結果）

```
                        Table "public.type_numeric"
 Column |     Type     |                    Modifiers
--------+--------------+----------------------------------------------------
 id     | integer      | not null default nextval('type_numeric_id_seq'::regclass)
 price  | smallint     |
 weight | real         |
 rating | numeric(2,1) | default NULL::numeric
Indexes:
    "type_numeric_pkey" PRIMARY KEY, btree (id)
```

それでは、1つずつ数値データ型を見ていきましょう。なお、本書では、INTEGERをそのエイリアスであるINTと表記します。BIGINTとSMALLINTはそのまま表記します。また、REALとDOUBLE PRECISIONについても、そのエイリアスであるFLOAT4とFLOAT8で表記します。

5-3-2 整数型 - INT、SMALLINT、BIGINT

整数型はその名のとおり整数を扱うデータ型です。人数（1人、2人…）や年齢（10歳、11歳…）、商品の価格（ただし小数点以下の精度を要求されない場合）などのデータを扱う場合に整数型が採用できます。

INT、SMALLINT、BEGINTは符号付整数を扱います。**符号付**とはプラスまたはマイナスの符号が付与されていることを指します。これらの違いは扱える数の大きさにあります。SMALLINTの場合、2バイトで数値を表現します。1バイト ＝ 8ビットですから、2バイトでは2の16乗 ＝ 65536までを扱えます。ただし、符号付とあるように、プラスかマイナスかの情報を保持するために1ビットを消費します。残りの15ビット分で数値を表現するので、最小値は－2の15乗 ＝ －32768となり、最大値は2の15乗－1 ＝ 32767です。最大値を－1しているのは、0があるためです。INTは4バイト、BIGINTは8バイトで数値を表現します。

以下のSQLは、type_numericテーブルのprice列にデータを登録するINSERT文です。price列は価格を意味する列です。

▶リスト5-22 priceに2000を登録

```
INSERT INTO type_numeric (price)
VALUES (2000);

-- INSERT文 実行後の結果を確認
SELECT id,
       price
  FROM type_numeric
 WHERE price IS NOT NULL
 ORDER BY id ASC;
```

実行結果は以下のとおりです。

▶リスト5-23 priceに2000を登録（実行結果）

```
id | price
----+-------
  1 |  2000
```

次に、登録する値を大きな値にしてみます。「40000」を登録するINSERT文を実行してみましょう。

▶リスト5-24 priceに40000を登録

```
INSERT INTO type_numeric (price)
VALUES (40000);
```

実行すると、以下のエラーが発生します。

▶リスト5-25 priceに40000を登録（実行結果）

```
ERROR:  smallint out of range
```

SMALLINTと定義された列が扱える最大値以上の数値を登録しようとしたため、エラーが発生しました。INT、SMALLINT、BIGINTの違いは数値の大きさにあります。INTでも「−2147483648 〜 2147483647」というプラスマイナス21億程度の数値を扱えるため、多くの場合はINTで十分でしょう。取り扱うデータがSMALLINTの範囲内（−32768 〜 32767）であることが明らかな場合、SMALLINTを採用できます。INTに収まり切らない数値を扱う場合、BIGINTを選択します。

それでは、整数を扱うSMALLINTに小数点の数値を登録するとどうなるでしょうか。

▶**リスト5-26** price に 2.5 を登録

```
INSERT INTO type_numeric (price)
VALUES (2.5);

-- INSERT文　実行後の結果を確認
SELECT id,
       price
  FROM type_numeric
 WHERE price IS NOT NULL
 ORDER BY id ASC;
```

実行結果は以下のとおりです。

▶**リスト5-27** price に 2.5 を登録

```
 id | price
----+-------
  1 |  2000
  2 |     3
```

「2000」はリスト5-22で登録された行です。「3」が、リスト5-26で登録された行です。整数型の列に小数点の数値を登録すると、四捨五入された結果の整数が登録されます。小数点を持つ数値を扱いたければ、この後紹介する浮動小数点型を利用します。

Column　符号なし整数を扱うデータ型は？

　RDBMSによっては、符号なし（UNSIGNED）整数を扱うデータ型が用意されています。マイナスの値が使えない代わりにプラスで扱える値が符号付きのおよそ倍になります。PostgreSQLの組み込みデータ型には符号なし整数はありません。

5-3-3　浮動小数点型 - FLOAT4、FLOAT8

　FLOAT4とFLOAT8は浮動小数点を扱います。浮動小数点とは、浮動小数点形式で扱われる数のことです。浮動小数点形式では、数値を「符号」「仮数」「指数」で表現します。－210.5 という数字があるとき、符号として「マイナス（負）」、仮数を「2.105」、指数を「10の2乗」のように表現するのが浮動小数点形式です。仮数を「21.05」とし指数を「10の1乗」としても同じ数値を表現できることから、**浮動**という名称が付けられています。コンピュータの世界では浮動小数点形式で表現される数値を2進数（1と0）で扱います。これが浮動小数点です。一方、「下1桁を小数とする」といったように、あらかじめ小数点の位置が固定された数値の扱い方が固定小数点です。固定小

数点については後述します。

　浮動小数点の定義について考えると話が難しく感じられますが、浮動小数点型の利用にあたっては、小数点以下の値を持つ数値を扱う場合で厳密な計算精度を要求しない場合に採用できる、というところから理解を進めれば大丈夫です。身長（168.7cm）や気温 (摂氏28.6度) などのデータを扱う場合、浮動小数点型が採用できます。

　FLOAT4 と **FLOAT8** の違いは**精度**にあります。**FLOAT4** は32ビットで数値を表現し、6桁の整数または小数を扱えます。**FLOAT8** は15桁の整数と小数を扱えます。

　以下のSQLは、**type_numeric** テーブルの **weight** 列にデータを登録するINSERT文です。**weight** 列は重量を意味する列で、データ型は **FLOAT4** として定義されています。

▶リスト5-28 weightに6桁の数値を登録

```sql
INSERT INTO type_numeric (weight)
VALUES (50.1234);

-- INSERT文 実行後の結果を確認
SELECT id,
       weight
  FROM type_numeric
 WHERE weight IS NOT NULL
 ORDER BY id ASC;
```

　実行結果は以下のとおりです。

▶リスト5-29 weightに6桁の数値を登録（実行結果）

```
 id | weight
----+----------
  3 | 50.1234
```

　上記のSQLは正常に実行できます。

　さて、表5-3で、**FLOAT4** は**6桁までの整数または小数**を取り扱えるとしました。7桁の小数「50.12345」を登録しようとするとどうなるでしょうか。

▶リスト5-30 weightに7桁の数値を登録

```sql
INSERT INTO type_numeric (weight)
VALUES (50.12345);

-- INSERT文 実行後の結果を確認
SELECT id,
       weight
  FROM type_numeric
 WHERE weight IS NOT NULL
 ORDER BY id ASC;
```

　実行結果は以下のとおりです。

```
 id | weight
----+----------
  3 | 50.1234
  4 | 50.1235
```

　「50.1234」は、1つ前のリスト5-28で登録した値です。「50.1235」が、リスト5-30で登録した値です。INSERT文では、値は「50.12345」としていました。FLOAT4で扱える以上の桁数の数値を登録しようとした場合、エラーは発生せず、桁が丸められて登録されます。桁の丸めについては、上記の例では四捨五入されているように見えますが、FLOAT4およびFLOAT8に保存された値は**近似値であって不正確な値である**という理解をしておいてください。厳密な精度を要求する金銭計算や科学計算においては、浮動小数点型は利用せず、後述する固定小数点型を利用してください。

　浮動小数点型では整数も扱えます。

▶ **リスト5-32** weightに整数を登録

```
INSERT INTO type_numeric (weight)
VALUES (123456), (1234567);

-- INSERT文 実行後の結果を確認
SELECT id,
       weight
  FROM type_numeric
 WHERE weight > 100000
 ORDER BY id ASC;
```

　INSERT文でweightが「123456」と「1234567」という整数の行を挿入しました。条件を指定して、挿入した行を確認します。実行結果は以下のとおりです。

▶ **リスト5-33** weightに整数を登録（実行結果）

```
 id |    weight
----+--------------
  5 |        123456
  6 | 1.23457e+06
```

　idが5の行は指定した値がそのまま表記されていますが、idが6の行では、weightの値が「1.23457e+06」と表記されています。「e+06」は、10の6乗（1000000）を意味します。「1.23457e+06」は、「1.23457 * 1000000」なので、計算結果は「1234570」になります。INSERT文に入力した値は「1234567」でした。登録前後で異なった値になっていることがわかります。

　FLOAT8については、扱える桁が15桁である点以外はFLOAT4と同じです。

5-3-4 固定小数点型 - NUMERIC

NUMERIC(p, s) は固定小数点型です。固定小数点型は正確な数値が求められる数値計算や科学計算などで利用されます。固定小数点型では、数値の桁と小数点の位置をユーザーが定義できます。NUMERIC(p, s) の「p」が数値の桁、「s」が小数点の位置です。NUMERIC の定義と数値の例を次の表5-4にまとめます。

▶ **表5-4** NUMREICの定義と数値の例

NUMERICの定義	数値の例
NUMERIC(2, 1)	3.1
NUMERIC(3, 1)	20.5
NUMERIC(3, 2)	3.14
NUMERIC(4, 2)	20.52

type_numeric テーブルの rating 列を使って NUMERIC の動作を確認します。rating 列のデータ型は NUMERIC(2, 1) として定義されています。rating は、1.0 〜 5.0の値をとるレーティング（評価値）だと考えてください。

▶ **リスト5-34** ratingに数値を登録

```
INSERT INTO type_numeric (rating)
VALUES (4.5), (4.27);

-- INSERT文 実行後の結果を確認
SELECT id,
       rating
  FROM type_numeric
 WHERE rating IS NOT NULL
 ORDER BY id ASC;
```

実行結果は以下のとおりです。

▶ **リスト5-35** ratingに数値を登録（実行結果）

```
id | rating
---+--------
 7 |    4.5
 8 |    4.3
```

リスト5-34に記述した値「4.5」はそのまま登録されています。値「4.27」は、定義されたデータ型よりも精度の高い数値です。その場合、数値は丸められます。

rating は NUMERIC(2, 1) として定義された列です。rating に3桁の数値を登録するとどうなるでしょうか。

▶リスト5-36 ratingに3桁の数値を登録

```
INSERT INTO type_numeric (rating)
VALUES (10.5);
```

実行の結果、以下のエラーが発生します。

▶リスト5-37 ratingに3桁の数値を登録（実行結果）

```
ERROR:  numeric field overflow
DETAIL:  A field with precision 2, scale 1 must round to an absolute value less than
10^1.
```

数値「10.5」を登録するにはデータ型が最低でも `NUMERIC(3, 1)` である必要があります。`NUMERIC(2, 1)` では整数部の桁が足りないため、エラーになります。

5-3-5 連番型 - SERIAL, BIGSERIAL

SERIAL と **BIGSERIAL** は特殊な役割を持ったデータ型です。扱うのは整数の数値ですが、INSERT した際に値を自動的に決定します。このことから、SERIAL と BIGSERIAL を総称して連番型とします。

この章では、これまで `type_char` や `type_numeric` といったテーブルを利用しました。INSERT 文では特に値を指定していませんでしたが、INSERT の結果、idの値が「1, 2, 3……」と順に大きくなっていたことが確認できます。これらのテーブルのid列は SERIAL として定義されています。このように連番型は、連続で番号が振られるIDなどのデータによく使われます。116ページで実行したメタコマンドの結果をもう一度見てみましょう。

▶リスト5-38 type_numericテーブルの定義を確認（実行結果）（再掲）

```
                    Table "public.type_numeric"
 Column |     Type     |                   Modifiers
--------+--------------+---------------------------------------------------
 id     | integer      | not null default nextval('type_numeric_id_seq'::regclass)
 price  | smallint     |
 weight | real         |
 rating | numeric(2,1) | default NULL::numeric
Indexes:
    "type_numeric_pkey" PRIMARY KEY, btree (id)
```

id列のTypeは`integer`となっており、一見整数型が指定されているように見えます。ここではModifiersに注目します。id列のModifiersには`nextval('type_numeric_id_seq'::regclass)`とあります。この表記がSERIAL型を意味します。

連番型として定義された列では、**シーケンス**に基づき値を自動的に決定します。**シーケンス**は、取り出すたびに値が1ずつ加算される数列のようなものと理解してください。そのため、一意の値を決定しにくいデータに対して適応すると効果的です。たとえば、Webページへのアクセスログをデータベースに記録する場合、行を一意に特定する値として、連番型を採用できます。

　連番型を扱う際に注意点があります。INSERT時に連番型の列に対して値を指定すると、シーケンスで決定される値と不整合が起きてしまいます。実際に`id`列の値の状態を確認しながら連番型を使ってみましょう。

▶リスト5-39 id列の確認

```
SELECT id
  FROM type_numeric
 ORDER BY id DESC
 LIMIT 3;
```

　IDが最大8まで登録されていることがわかります。

▶リスト5-40 id列の確認（実行結果）

```
 id
----
  8
  7
  6
```

　次に、`id`の値を指定したINSERT文を実行してみます。

▶リスト5-41 連番型列へ値を指定して登録

```
-- id の値を指定した INSERT文
INSERT INTO type_numeric (id, price)
VALUES (12, 120);

-- id の値を指定しない INSERT文
INSERT INTO type_numeric (price)
VALUES (150);

-- INSERT文 実行後の結果を確認
SELECT id,
       price
  FROM type_numeric
 ORDER BY id DESC
 LIMIT 3;
```

　実行結果は以下のとおりです。

▶リスト5-42 連番型列へ値を指定して登録（実行結果）

```
 id | price
----+-------
 12 |   120
  9 |   150
  8 |
```

INSERT文でidの値を指定すると、シーケンスの値が進みません。したがって、その後にシーケンスによって採番された値が挿入されると、値の重複が発生します。通常、連番型の列にはINSERTする際に値を指定しないようにします。リスト5-42のように値がずれてしまった場合、シーケンスの値を調整することを検討します。以下のSELECT文で、シーケンスの状態を確認できます。

▶リスト5-43 シーケンスtype_numeric_id_seqの状態を確認

```
SELECT last_value
  FROM type_numeric_id_seq;
```

FROM句に指定しているtype_numeric_id_seqは、テーブルの名称ではなくシーケンスの名称です。122ページに再掲したテーブル定義（リスト5-38）にも同じ表記がありました。このシーケンスのlast_value列に、シーケンスの値がどこまで進んだか記録されています。

リスト5-43の実行結果は以下のとおりです。

▶リスト5-44 シーケンスtype_numeric_id_seqの状態を確認（実行結果）

```
 last_value
------------
          9
```

シーケンスが9まで進んだことがわかりました。

リスト5-41で、idに12を登録してしまったので、次にINSERTされた際に13から始まるようシーケンスを調整します。

▶リスト5-45 シーケンス値の調整

```
SELECT SETVAL('type_numeric_id_seq', 12);

-- シーケンスの調整結果を確認
SELECT last_value
  FROM type_numeric_id_seq;
```

実行結果は以下のとおりです。

▶リスト5-46 シーケンス値の調整（実行結果）

```
last_value
------------
        12
```

シーケンスが調整できました。

　シーケンスの値は、DELETE文でテーブルの行をすべて削除した場合でも、状態が維持されます。その場合、0をセットすることでシーケンスをリセットできます。

Column　シーケンスの重複を自動で防ぐには？

　シーケンスの調整によって重複は回避できますが、都度SQLを実行して調整する必要があります。重複を回避するだけであれば、連番型の列に対してプライマリキーまたはユニーク制約を指定する方法が有効です。プライマリキーおよびユニーク制約の解説は第11章で行います。

本節では、整数や浮動小数点を扱う数値データ型についての解説を行いました。数値を扱うには、数値の桁や精度などのさまざまな知識が必要で、考慮すべき事項が多いことがわかりました。どの数値データ型を採用したらよいか迷ったら、本節を参照してください。次節では、日付／時刻型について解説します。

5-4 日付／時刻型

日付／時刻型は日付や時刻を扱うデータ型です。「2020年7月7日」のような年月日や、「15時20分」のような時、分といったデータを扱う場面は多くあります。本節では 日付／時刻型 について解説します。

5-4-1 日付／時刻型の種類

よく利用される日付／時刻型について次の表5-5にまとめます。

▶表5-5 日付／時刻型とその定義

データ型	定義	値の例
DATE	日付	2017-07-07
DATETIME	日時	2017-07-07 13:00:00
TIME	時間	13:00:00

文字型のデータ型について確認するために、type_dateテーブルを利用します。type_dateのテーブル定義は以下のメタコマンドで確認できます。

▶リスト5-47 type_dateテーブルの定義を確認

```
\d type_date
```

実行結果は以下のとおりです。

▶リスト5-48 type_dateテーブルの定義を確認（実行結果）

```
                             Table "public.type_date"
    Column     |            Type             |           Modifiers
---------------+-----------------------------+-------------------------------
 id            | integer                     | not null default nextval（略）
 published_at  | date                        |
 updated_at    | timestamp without time zone |
 updated_at_tz | timestamp with time zone    |
 started_at    | time without time zone      |
```

日付型 - DATE

DATEは年月日を扱います。type_dateテーブルのpublishded_at列を使ってDATEの動作を確認します。published_at列は、書籍の発行日を扱うことを想定した列です。

まずはDATEの列へデータを登録してみます。登録する際、いくつかの日付のフォーマットを利用できます。

▶ **リスト5-49** published_atに日付を登録

```
INSERT INTO type_date (published_at)
VALUES ('2020-07-07'),
       ('2020/12/24'),
       ('January 1, 2020');

-- INSERT文 実行後の結果を確認
SELECT id,
       published_at
  FROM type_date
 WHERE published_at IS NOT NULL
 ORDER BY id ASC;
```

実行結果は以下のとおりです。

▶ **リスト5-50** published_atに日付を登録（実行結果）

```
id | published_at
---+-------------
 1 | 2020-07-07
 2 | 2020-12-24
 3 | 2020-01-01
```

「2020-01-01」と「2010/01/01」と「January 1, 2020」はすべて文字列ですが、INSERT文の実行後は日付「2020-01-01」として登録されます。DATEで定義された列は、値の登録時にいくつかのパターンの日付フォーマットを自動的に解釈するためです。日付フォーマットのパターンは公式ドキュメント（https://www.postgresql.org/docs/10/static/datatype-datetime.html#DATATYPE-DATETIME-DATE-TABLE)にまとめられています。

また、DATEは日付として適切な値かどうかを登録時に判断してくれます。

▶ **リスト5-51** 存在しない日付を登録

```
INSERT INTO type_date (published_at)
VALUES ('2020-01-35');
```

上記のINSERT文では「2020年1月35日」という、現実には存在しない日付を指定しました。実行すると以下のエラーが発生します。

▶ **リスト5-52** 存在しない日付を登録（実行結果）

```
ERROR:  date/time field value out of range: "2020-01-35"
LINE 2: VALUES ('2020-01-35');
                ^
HINT:  Perhaps you need a different "datestyle" setting.
```

　このように登録時やデータの変更時に日付のチェックが自動で行われるので、日付型の列に不正な日付が入ることはありません。

5-4-3 時刻型 - TIME

　DATEでは、年月日を扱いました。時刻を扱うのが **TIME** です。type_dateテーブルのstarted_at列を使って TIME の動作を確認します。started_at列は、1日の中の予定の開始時刻を扱うことを想定した列です。

▶ **リスト5-53** started_atに時刻を登録

```
INSERT INTO type_date (started_at)
VALUES ('12:30'),
       ('13:01:05'),
       ('02:15 PM');

-- INSERT文 実行後の結果を確認
SELECT id,
       started_at
  FROM type_date
 WHERE started_at IS NOT NULL
 ORDER BY id ASC;
```

　実行結果は以下のとおりです。

▶ **リスト5-54** started_atに時刻を登録（実行結果）

```
 id | started_at
----+------------
  4 | 12:30:00
  5 | 13:01:05
  6 | 14:15:00
```

　DATE同様に、TIMEの定義された列も、値の登録時にいくつかの時刻フォーマットを自動的に解釈します。日付フォーマット同様、時刻フォーマットのパターンについても公式ドキュメント（https://www.postgresql.org/docs/10/static/datatype-datetime.

html#DATATYPE-DATETIME-TIME-TABLE）にまとめられています。

5-4-4 タイムスタンプ - TIMESTAMP

　タイムスタンプとは、コンピュータの世界において、あるデータが「いつ」作成されたり更新されたりしたのかを記録するする証明書のことを指します。もう少し広い定義として、なんらかのできごとが「いつ」発生したのかを明らかにするために記録された時刻データのことをタイムスタンプと呼びます。データベースでは後者の意味でタイムスタンプという言葉を用います。「2020年7月7日13時45分32秒」のように日付と時刻が合わさったものがタイムスタンプです。

　TIMESTAMPは、タイムスタンプを扱うデータ型です。

▶リスト5-55 updated_atにタイムスタンプを登録

```
INSERT INTO type_date (updated_at)
VALUES ('2020-07-07 13:45:32.15'),
       ('2020/12/24 07:00 PM');

-- INSERT文 実行後の結果を確認
SELECT id,
       updated_at
  FROM type_date
 WHERE updated_at IS NOT NULL
 ORDER BY id ASC;
```

　実行結果は以下のとおりです。

▶リスト5-56 updated_atにタイムスタンプを登録（実行結果）

```
id |       updated_at
---+------------------------
 7 | 2020-07-07 13:45:32.15
 8 | 2020-12-24 19:00:00
```

5-4-5 タイムゾーン

　時刻型やタイムスタンプ型では、時刻データを取り扱いました。時刻は、**経度**によって異なります。日本が夜の10時のとき、サンフランシスコは朝の6時です。この時間の差異を**時差**と呼びます。時刻を扱う場合、時差について考慮しておく必要があります。

　時差は経度15度ごとに1時間分存在しますが、厳密に経度に基づいて時差を管理しないほうが便利な場合があります。たとえば日本の場合、最東端と最西端ではおよそ

30度の経度の差分があります。しかし、北海道と沖縄で時刻が異なるということはなく、日本全体で単一の時間を運用しています。このように、同一の基準で時刻を運用する地域のことを**タイムゾーン**と呼びます。

　タイムゾーンは、**協定世界時**からの差で表現します。協定世界時（coordinated universal time）は**UTC**という略称で広く使われているので、本書でもUTCと表記します。UTCと差がない（±0）時刻を利用している国として、たとえばイギリスやポルトガルがあります（海域を除く）。日本はUTCから見て**+9時間**のタイムゾーンを使用しています。

　時刻型やタイムスタンプ型では、データ型定義時にタイムゾーン考慮の有無を選択できます。すでに利用した`updated_at`列は、タイムゾーンのないタイムスタンプ型でした。タイムゾーンのあるタイムスタンプ型を指定した`updated_at_tz`列を利用してみます。

▶ **リスト5-57** updated_at_tz にタイムスタンプを登録

```sql
INSERT INTO type_date (updated_at_tz)
VALUES ('2020-07-07 13:45:32.15'),
       ('2020/12/24 07:00 PM');

-- INSERT文  実行後の結果を確認
SELECT id,
       updated_at_tz
  FROM type_date
 WHERE updated_at_tz IS NOT NULL
 ORDER BY id ASC;
```

　実行結果は以下のとおりです。

▶ **リスト5-58** updated_at_tz にタイムスタンプを登録（実行結果）

```
 id |         updated_at_tz
----+---------------------------
  9 | 2020-07-07 13:45:32.15+09
 10 | 2020-12-24 19:00:00+09
```

　時刻の末尾に「+09」という表記が付与されています。これがタイムゾーン情報です。「UTCから+9時間」を意味します。PostgreSQLのタイムゾーン情報は`SHOW TIMEZONE;`というコマンドで確認できます。

▶ **リスト5-59** SHOW TIMEZONE;でタイムゾーンを確認

```
SHOW TIMEZONE;

  TimeZone
------------
 Asia/Tokyo
```

PostgreSQLのタイムゾーン設定は、OSの設定やインストール方法、設定ファイルなどに影響を受けます。一時的な変更であれば、以下のコマンドでタイムゾーンを設定できます。

▶リスト5-60

```
SET TIMEZONE = 'Asia/Tokyo';
```

　ただし、PostgreSQLを再起動するとこの変更は維持されません。恒久的に変更するには設定ファイルで指定しておく必要があります。
　データベースを利用する際は、どのタイムゾーンの時刻を扱っているか確認するようにしましょう。

本節ではデータ型の1つである日付／時刻型 について解説しました。第6章では、日付／時刻型のデータを処理したり、計算したりする方法を解説しています。日付／時刻型を活用していくために、本節で解説した内容を覚えておいてください。次節では BOOLEAN や配列など、そのほかのデータ型を解説します。

5-5 BOOLEAN、配列、JSON

文字列や数値、日付など以外にもさまざまなデータ型が存在します。本節では、BOOLEAN、配列、JSONデータ型について解説します。さまざまなデータ型を覚えておけば、テーブルを設計する際に適切なデータ型を選択できるようになります。

5-5-1 テーブル定義の確認

本節では、type_othersテーブルを利用します。type_othersのテーブル定義は以下のメタコマンドで確認できます。

▶リスト5-61 type_othersテーブルの定義を確認

```
\d type_others
```

実行結果は以下のとおりです。

▶リスト5-62 type_othersテーブルの定義を確認（実行結果）

```
                         Table "public.type_others"
   Column    |         Type         |               Modifiers
--------------+----------------------+---------------------------------------
 id           | integer              | not null default nextval（略）
 is_available | boolean              |
 json_data    | json                 |
 tag          | character varying[]  |
```

is_available列、json_data列、tag列はここまで学んできた文字型、数値型、日付／時刻型のいずれにも属さないデータ型です。それぞれのデータ型について解説していきます。

5-5-2 論理値データ型 - BOOLEAN

BOOLEANは、真（TRUE）および偽（FALSE）を扱うデータ型です。たとえば、顧客情報を扱うテーブルで「メールマガジンを購読しているかどうか」や「この商品を販売可能かどうか」という状態を管理したい場合に、BOOLEANが採用できます。

BOOLEANの動作を確認するために、type_othersテーブルのis_available列を利用します。

▶ リスト5-63 is_availableへ真偽値を登録

```
INSERT INTO type_others (is_available)
VALUES (TRUE),
       (FALSE),
       ('1'),
       ('true');

-- INSERT文 実行後の結果を確認
SELECT id,
       is_available
  FROM type_others
 WHERE is_available IS NOT NULL
 ORDER BY id ASC;
```

実行結果は以下のとおりです。

▶ リスト5-64 is_availableへ真偽値を登録（実行結果）

```
id | is_available
---+--------------
 1 | t
 2 | f
 3 | t
 4 | t
```

「t」という表記が真（TRUE）、「f」という表記が偽（FALSE）です。リスト5-63で利用しているように「1」や「true」など一部の表記が真偽値に対応していますが、一般に「TRUE」または「FALSE」を用います。

is_availableの状態に基づき行を絞り込む場合も、TRUEおよびFALSEが指定できます。

```
SELECT id,
       is_available
  FROM type_others
 WHERE is_available = FALSE;
```

実行の結果、**is_available**の値が偽（FALSE）である行が取得できました。

▶リスト5-66 真偽値を使った絞り込み（実行結果）

```
 id | is_available
----+---------------
  2 | f
```

5-5-3 配列型

PostgreSQLでは、**配列**というデータ構造を利用できます。**INT**や**VARCHAR**は1つの列につき1つの値を持てますが、配列型の列では複数の値を保持できます。配列を構成する値を**要素**と呼びます。

type_othersテーブルの**tag**列は、**VARCHAR**の配列**VARCHAR[ ]**として定義された列です。配列型のデータ型はこのようにデータ型の末尾に大括弧（[ ]）が付与されます。複数の文字列を要素とする配列を登録してみます。

▶リスト5-67 配列型の列へ登録

```
INSERT INTO type_others (tag)
VALUES ('{"Python", "初心者向け", "サンプルコードあり"}'),
       ('{"Java", "中級者向け"}');

-- INSERT文 実行後の結果を確認
SELECT id,
       tag
  FROM type_others
 WHERE tag IS NOT NULL
 ORDER BY id ASC;
```

配列型の列へは、登録する値を中括弧（{ }）の中に列挙します。各値はカンマ（,）で区切ります。配列型全体をシングルクォートで囲うため、要素が文字列の場合、文字列はダブルクォートで囲います。数値を要素とする配列の場合は**{1, 2, 3}**と指定できます。リスト5-67の実行結果は以下のとおりです。

```
id |              tag
---+------------------------------------
 5 | {Python,初心者向け,サンプルコードあり}
 6 | {Java,中級者向け}
```

tag列へ複数の値が登録されました。

配列型の列を利用してデータを絞り込むには、これまでと少し違う方法を用います。

▶リスト5-69 配列型の列を条件に指定

```
SELECT id,
       tag
  FROM type_others
 WHERE 'Python' = ANY (tag);
```

WHERE句に'Python' = ANY (tag)という構文を用いました。これでtagのいずれかの要素が'Python'である、という条件を指定したことになります。実行結果は以下のとおりです。

▶リスト5-70 配列型の列を条件に指定（実行結果）

```
id |              tag
---+------------------------------------
 5 | {Python,初心者向け,サンプルコードあり}
```

意図どおりの行が取得できました。

Column　もっと複雑な配列も扱える

　今回の例ではVARCHARの1次元の配列を利用しましたが、そのほかの組み込みデータ型の配列や、2次元以上の多次元配列も定義できます。配列型の詳細な仕様は公式ドキュメントの「第8章 データ型 - 8.15. Arrays（https://www.postgresql.org/docs/10/static/arrays.html）」を参照してください。

5-5-4　JSON型 - JSON

JSONはJSON形式のデータを扱うデータ型です。まずJSONについて解説します。JSONとは、「JavaScript Object Notation」の略称で、プログラミング言語Java

Scriptのオブジェクトの表記方法をベースとしたデータフォーマットです。JSONは広く普及し、さまざまな場面で利用されています。たとえば、Web APIの入出力のフォーマットにJSONがよく用いられます。アプリケーションの設定ファイルにJSONが採用されることもあります。JSONの例を以下に示します。

▶リスト5-71 JSONの例

```
{
    "id": 123456,
    "name": "iktakahiro"
}
```

JSONは「キー:バリュー」という形式で表現されます。上記の例では数値と文字列を扱っていますが、真偽値や配列なども扱うことができます

データベースでJSONをどのように扱うのか見ていきましょう。まずはJSON型の列にデータを登録してみます。

▶リスト5-72 JSON型列へ登録

```
INSERT INTO type_others (json_data)
VALUES ('{"id": 123, "name": "yamada"}'),
       ('{"id": 234, "pref": "tokyo"}');

-- INSERT文 実行後の結果を確認
SELECT id,
       json_data
  FROM type_others
 WHERE json_data IS NOT NULL
 ORDER BY id ASC;
```

実行結果は以下のとおりです。

▶リスト5-73 JSON型列へ登録（実行結果）

```
 id |          json_data
----+-------------------------------
  7 | {"id": 123, "name": "yamada"}
  8 | {"id": 234, "pref": "tokyo"}
```

JSON形式のデータが登録できました。しかし、これではVARCHAR型やTEXT型の列に**文字列として**JSON形式のデータを登録してもよさそうに見えます。JSON型を利用するメリットとして、以下の2点が挙げられます。

- ・ JSONの構造として値を検索できる
- ・ 登録時にJSONとして正しいフォーマットかどうか検証できる

json_data列内のJSONを絞り込み条件としたSELECT文を実行します。

▶リスト5-74 JSON型の列の値を利用して絞り込み

```
SELECT id,
       json_data
  FROM type_others
 WHERE json_data ->> 'pref' = 'tokyo';
```

実行結果は以下のとおりです。

▶リスト5-75 JSON型の列の値を利用して絞り込み（実行結果）

```
id |         json_data
---+-----------------------------
 8 | {"id": 234, "pref": "tokyo"}
```

JSONとして検索する場合、`json_data ->>`のように、記号「–>>」に続けて、キー名と条件を`'pref' = 'tokyo'`のように指定します。json_data列内のJSONを絞り込み条件としたSELECT文をもう一例掲載します。

▶リスト5-76 JSON型列へ登録2

```
SELECT id,
       json_data
  FROM type_others
 WHERE CAST(json_data ->> 'id' AS INT) = 123;
```

実行結果は以下のとおりです。

▶リスト5-77 JSON型列へ登録2（実行結果）

```
id |         json_data
---+-----------------------------
 7 | {"id": 123, "name": "yamada"}
```

JSONのデータに対して絞り込み条件が有効になっていることがわかります。

リスト5-76の例では、**CAST関数**を利用して、キーidの値をINTとして扱うよう指定しています。VARCHARやTEXTの列ではこのような絞り込みは利用できないので、JSON型のメリットといえます。

JSON型のもう1つのメリットとして**登録時にJSONとして正しいフォーマットかどうか検証できる**ことを挙げました。以下のINSERT文には、不正なJSONが含まれます。キーidのダブルクォートが閉じられていません。

不正な JSON を登録

```
INSERT INTO type_others (json_data)
VALUES ('{"id: 123}');
```

実行すると以下のエラーが発生します。

▶ リスト5-79 不正な JSON を登録（実行結果）

```
ERROR:  invalid input syntax for type json
LINE 2: VALUES ('{"id: 123}');
                ^
DETAIL:  Token ""id: 123" is invalid.
CONTEXT:  JSON data, line 1: {"id: 123}
```

このように、JSONとして不正なフォーマットを登録しようとするとエラーが発生します。データをJSONとして検索しない場合でも、JSON型を利用することで意図しないデータの混入を防止できます。JSON型の詳細な仕様は、PostgreSQL 公式ドキュメントの「第8章 データ型 - 8.14. JSON Types（https://www.postgresql.org/docs/10/static/datatype-json.html）」を参照してください。

Column　そのほかのデータ型

PostgreSQL には、本章で解説したデータ型以外にもいくつかの組み込みデータ型が存在します。たとえば、IPアドレスを扱う CIDR や幾何学的点を扱う POINT、あらかじめ列挙した文字列のみを扱える ENUM があります。本書の解説はここまでとしますが、そのほかのデータ型を知りたい方は、PostgreSQL 公式ドキュメントの「第8章 データ型 - 表8.1 データ型（https://www.postgresql.org/docs/10/static/datatype.html）」を参照してください。

本節ではBOOLEAN、配列、JSONについて解説しました。前節までに解説した文字型や数値データ型以外になどのデータ型の知識を広げておくと、データベース利用の選択肢が広がります。次節では、本書にしばしば登場する「NULL」について解説します。

5-6

NULL値

本節ではRDBMSにおけるNULLについて解説します。NULLはここまでしばしば登場していましたが、「値が入っていない状態」のことを指します。NULLは特殊な値で、比較する際の注意もあります。本章でNULLの特徴や扱い方を学びましょう。

5-6-1 NULL値とは

NULLないしNULL値（null value）はデータ型ではありませんが、本節で解説を行います。NULLは日本語としては「ヌル」または「ナル」と発音します。RDBMSにおけるNULLとは、**値が入っていない、不明の状態**を示すものです。

NULLは文字列型の列にも、数値データ型の列にも、そのほかあらゆるデータ型に対しても挿入可能です。NULLは難しい概念を持ちますが、最低限以下の2点を押さえておいてください。

・ 値が入っていない、値が不明の状態 を指す
・ 数値の0や空の文字列「"」とは明確に異なる

2点目について補足します。数値データ型の1つ INT 型にはNULLを挿入できますが、NULLは0とは異なります。「5 + 0」の結果は「5」ですが、「5 + NULL」は「NULL」になります。このためNULLを持ちうる列を用いた計算には注意が必要です。

空の文字列「"」とも異なります。列に文字列「"」を挿入すると、列には長さが0の文字列が存在している状態になります。一方、NULLは文字列としての長さを持ちません。

NULLは、INSERT文やUPDATE文で明示的にNULLを指定した場合に挿入されます。またはINSERT文で列を省略した際、列に初期値が指定されておらず、かつ列がNULLを許容する条件の場合、値がNULLになります。

5-6-2 NULLとWHERE句

本書ではすでに何度か登場していますが、NULLの状態をWHERE句で指定するには、**IS NULL** または **IS NOT NULL** を指定します。

▶リスト5-80 IS NOT NULL

```
SELECT isbn
  FROM book
 WHERE isbn IS NOT NULL -- NULL ではない行に絞り込み
 ORDER BY isbn
 LIMIT 5;
```

IS NULLの場合は指定した列がNULLであるという条件に、IS NOT NULLの場合は指定した列がNULLではないという条件になります。NULLの場合、isbn = NULL やisbn != NULL のように比較演算子を用いないことに注意します。

Column　なぜ比較演算子が使えないのか

NULLは不明な値であるため、不明な値同士を比較しても不明であることしかわからない、ということが比較演算子を用いない理由です。したがってNULLであるかどうかを調べる IS NULL、または IS NOT NULL を使用するという理屈です。

5-6-3 NULLと制約

NULLはあらゆるデータ型に挿入できますが、NULLの挿入を抑止する **NOT NULL制約** というしくみがあります。**NOT NULL制約** が指定された列に対してはNULLは挿入できなくなります。116ページに登場した`type_numeric`テーブルの定義を思い出してください。

▶リスト5-81 type_numericテーブルの定義を確認（実行結果）（再掲）

```
                       Table "public.type_numeric"
 Column |    Type     |                  Modifiers
--------+-------------+-----------------------------------------------------
 id     | integer     | not null default nextval('type_numeric_id_seq'::regclass)
 price  | smallint    |
 weight | real        |
 rating | numeric(2,1) | default NULL::numeric
Indexes:
    "type_numeric_pkey" PRIMARY KEY, btree (id)
```

id列は連番型が指定されているとセクション5-3で説明しましたが、連番型を指定すると、NOT NULL制約も自動で付与されます。NOT NULL制約は任意の列に付与できます。制約については第11章で解説しています。ここではNOT NULL制約が付いている列にNULLを入れることはできないということだけ覚えておいてください。

5-6-4 NULLの表示変更

　ターミナルではSELECT文の実行結果に「NULLが含まれているかどうか」の判別がつきません。

▶**リスト5-82** 結果にNULLを含むSELECT文

```
SELECT b.isbn,
       b.title,
       ROUND(AVG(score), 2) AS average
  FROM book AS b
  LEFT JOIN rating AS r
  USING (isbn)
 GROUP BY b.isbn
 ORDER BY b.isbn ASC
 LIMIT 5;
```

　実行結果は以下のとおりです。

▶**リスト5-83** 結果にNULLを含むSELECT文（実行結果）

```
   isbn     |              title               | average
------------+----------------------------------+---------
 4774100684 | すぐわかるC/C++                   |    4.00
 4774100900 | Cプログラミング専門課程          |    4.60
 4774103217 | 実用入門 ディジタル回路とVerilog HDL |
 4774104329 | 新ANSI C言語辞典                 |    3.85
 4774104671 | かんたん図解Office97             |    4.07
```

　averageの値が入っていないように見える箇所は、NULLの状態です。上記の例では、average列はFLOAT型であるためNULLであることは想像が付くのですが、文字型の列の場合は空文字なのかNULLなのか視認できません。

　そのような場合、メタコマンド\psetを利用して、NULLを別の表記に置き換えられます。

▶**リスト5-84** NULLの表示を置き換えるメタコマンド

```
\pset null '(NULL)'
```

\psetはPostgreSQLの出力（表示）に関する設定を行うメタコマンドです。\pset を実行した後、あらためてリスト5-82を実行すると以下のようになります。

▶リスト5-85 結果にNULLを含むSELECT文（pset後の実行結果）

```
     isbn    |            title             | average
-------------+------------------------------+---------
 4774100684 | すぐわかるC/C++               |   4.00
 4774100900 | Cプログラミング専門課程      |   4.60
 4774103217 | 実用入門 ディジタル回路とVerilog HDL | (NULL)
 4774104329 | 新ANSI C言語辞典             |   3.85
 4774104671 | かんたん図解Office97         |   4.07
```

上から3行目のaverage列に（NULL）と表示されていることが確認できます。\pset が置き換えるのはあくまで表示上のものであり、データとしてNULLが文字列に置き換わるわけではありません。このようにわかりやすい表示になるよう設定してもよいでしょう。

NULLの表示を初期設定に戻すには以下のメタコマンドを実行します。

▶リスト5-86 NULLの表示を初期設定に戻すメタコマンド

```
\pset null ''
```

5-6-5 NULLの利用場面

NULLは値が不明であることを示すということを説明しました。ほかにNULLに関するよく知られた注意点として、RDBMSによってはIS NULLおよびIS NOT NULLに対してインデックス（第11章で解説）が効かないというものがあります。データベースの設計方針によっては、極力NULLを利用しないように求められる場合もあります。

NULLを利用する例を1つ紹介します。bookテーブルには、書籍の刊行日を示すpublished_atという列があります。書籍データを管理する場合において、「書籍に関する情報はおおむね決まっているが、刊行日が未決定」という場合があります。そのような時点で書籍データを挿入する場合、published_atの値をNULLとしてもよいでしょう。NULLではなく仮の値を挿入する方法もありますが、その場合、刊行日が仮の値であることを示す情報を別途付加しておく必要があります。

本節ではNULLについての解説を行いました。NULLが含まれる列を扱う場合、SELECT文のWHERE句やINSERT文で指定する際にNULLの存在を意識しておく必要があることがわかりました。NULLに関連の深いトピックを第11章で解説しているので、NULLの存在を覚えておいてください。

Column　JSON型の使いどころ

　セクション5-5では、データ型の1つとしてJSON型を紹介しました。JSON型を利用することで、**スキーマレス**なデータストアとしてRDBを利用できます。スキーマレスなデータストアとはどのようなものかをかんたんに説明すると、事前に列を定義しなくてよいテーブルということになります。SERIAL型のid列と、JSON型のdata列という2つの列が定義されたschema_lessテーブルを想定してみましょう。

▶**リスト5-87** schema_lessテーブルにデータを挿入するSQL

```
INSERT INTO schema_less (data)
VALUES ('{"isbn": "9784474188195", "title": "Electronではじめるアプリ開発"}'),
    ('{"published_at": "2016-01-16", "price": 2980}');
```

　このINSERT文の実行後、データを絞り込む際は、ISBNコードや価格の情報を条件に指定できます。JSONのフォーマットとして正しければ任意のキーとバリューのペアを追加できるので、柔軟性が高いデータ構造といえます。これがJSON型のメリットです。
　一方、JSON型を利用するデメリットとして以下のようなものが挙げられます。

・文字型や数値データ型では定義できる長さや精度の指定ができない
・UNIQUE 制約、NOT NULL 制約、DEFAULT VALUE などの指定ができない
・対応していない RDBMS がある

　文字型では、VARCHAR(16)と定義することで、登録される文字列の長さを16文字までに制限できました。JSON型では、キーisbnのバリューの長さを制限できません。UNIQUE制約やDEFAULT VALUEについては第11章で解説する内容ですが、この列の値は重複してはいけないといった制限全般について、JSON型では指定できません。
　RDBMSの対応状況も考慮する必要があります。PostgreSQLでは、JSON型が組み込みデータ型に採用されたのはバージョン9.2以降で、時期としては2012年のリリースでした。MySQLの場合、JSON型を正式採用したバージョン5.7.8がリリースされたのは2015年のことでした。JSON型はSQLの歴史の中では比較的新しいデータ型であるため、利用しているRDBMSがサポートしているかを確認する必要があります。また、

将来移行する可能性のあるRDBMSがJSON型をサポートしているかという観点での検討も必要です。

　移行の際には注意も必要なJSON型ですが、参考としてJSON型の使いどころを1つ提案します。システムの監査ログを JSONとして保存する方法です。ここでいう監査ログとは、ユーザーが不正な操作を行っていないかの検査や、重要な変更を行ったのがいつであるかなどの情報取得を後から実施できるよう、情報を記録しておく台帳を意味します。

　セクション5-5で「Web APIの入出力のフォーマットにJSONがよく用いられます」と解説しました。Web APIの入力情報をデータベースに記録しておきたい場合に、JSON型の利用を検討できます。

　JSON型は便利なデータ型ですが、JSON型の濫用はおすすめしません。デメリットで挙げたようにRDBMSのデータ型が持つ機能の一部を利用できなくなります。データをJSONとして扱う合理的な理由がある場合のみ採用してください。

Chapter 6

関数と演算子

本節では、データベースの関数について解説します。基本的な関数のいくつかを身に付けるだけでも、SQLで行えることの幅が広がります。本節では、算術関数、日付／時刻関数、文字列関数の中で利便性の高いものを中心に取り上げて解説します。関連する演算子についてもあわせて解説します。

6-1 関数とは

SQLには関数と呼ばれるしくみが備わっています。関数には、対数を求める関数や文字列を結合する関数、現在時刻を求める関数など、さまざまな種類があります。本節では、まず関数そのものに対する理解を深めていきましょう。

6-1-1 関数とは

　本章では関数について学んでいきます。具体的な関数の解説に入る前に、まずは関数とは何かについての理解を深めておきましょう。SQLにおける関数は、プログラミング用語として用いられる関数とほぼ同義です。関数とは、**ある決まった値を与えると何らかの処理を行ったのちにある値を戻すしくみ**のことです。関数の利用例をリスト6-1に示します。SELECTの後に続くUPPER('sql')が関数を利用している部分です。

▶ **リスト6-1** UPPER()関数

```
SELECT UPPER('sql');
```

　関数に与える値のことを**引数**と呼びます。たとえば、上記のUPPER('sql')の場合、'sql'が引数です。関数によっては引数を複数与えられる場合もあります。そして、関数を実行した結果、得られる値を**戻り値**と呼びます。上記のUPPER()関数は引数の値を大文字に変換する働きを持つ関数なので、戻り値は「SQL」となります。戻り値は**返り値**と呼ばれることもありますが、本書では戻り値と表記します。

▶ **図6-1** 関数、引数、戻り値の関係

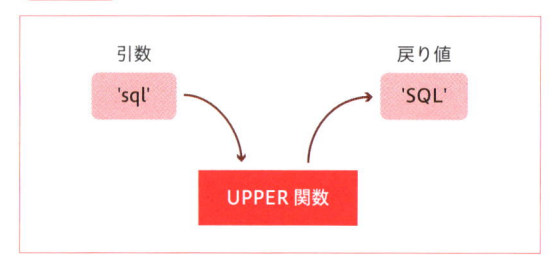

また、ここではFROM句がないSELECT文を初めて利用しました。SELECT文はこのようにFROM句を省略して使うこともできます。今後、関数や演算子の解説をする際にしばしばこの記法を利用するので、覚えておきましょう。リスト6-1の実行結果は以下のとおりです。

▶リスト6-2　UPPER( )関数（実行結果）

```
upper
-------
SQL
```

UPPER( )に与えられた引数「sql」はすべて小文字でした。SELECT文の実行の結果、すべて大文字の文字列「SQL」が得られました。

6-1-2　引数の位置表記と名前付き表記

引数を関数に渡す方法として、**位置表記**と**名前付き表記**があります。まずは位置表記から説明します。

関数に複数の引数を与えるとき、記述する順番が重要となるのが位置表記です。指定された文字を指定された回数繰り返す働きを持つREPEAT( )関数を例に説明します。

▶リスト6-3　REPEAT( )関数

```
SELECT REPEAT('X', 5);
```

上記のSQLの実行結果として「XXXXX」が得られます。それでは、引数の順番を逆にした場合はどのようになるのでしょうか。

▶リスト6-4　REPEAT( )関数の引数の順番を入れ替え

```
SELECT REPEAT(5, 'X');
```

このSQLを実行すると、以下のエラーが発生します。

▶リスト6-5　REPEAT( )関数の引数の順番を入れ替え（実行結果）

```
`ERROR:  function repeat(integer, unknown) does not exist`
```

このように位置表記を利用する場合、引数の順番は変更できません。必ず決まった順番で引数を指定する必要があります。

一方、名前付き表記の場合、「どの引数にどの値を与えるか」という指定が行えます。指定された数値から日付データを作成するMAKE_DATE()関数を例にします。

▶リスト6-6 MAKE_DATE()関数

```
SELECT MAKE_DATE(2020, 12, 24), -- 位置表記
       MAKE_DATE(year => 2020, month => 12, day => 24), -- 名前付き表記
       MAKE_DATE(day => 24, month => 12, year => 2020); -- 名前付き表記
```

　MAKE_DATE()関数は、year、month、dayの3つの引数を持つ関数です。MAKE_DATE()では、(year => 2020, month => 12, day => 24)のように、引数と値のペアを指定できます。記述の順番を(day => 24, month => 12, year => 2020)のように変更しても、引数と値のペア指定が等しければ同じ結果が戻ります。

　すべての関数で名前付き表記が利用できるわけではありません。名前付き表記は引数に名前が定義されている関数でのみ利用できます。関数の定義を調べるにはメタコマンド\dfを利用します。

▶リスト6-7 REPEAT()関数の定義を調べる

```
\df REPEAT
```

　実行結果は以下のとおりです。

▶リスト6-8 REPEAT()関数の定義を調べる（実行結果）

```
                        List of functions
    Schema    |  Name  | Result data type | Argument data types | Type
--------------+--------+------------------+---------------------+--------
 pg_catalog   | repeat | text             | text, integer       | normal
```

　Argument data typesに注目します。text, integerという表記があります。これは、REPEAT()関数ではTEXT型とINT型を引数とする位置表記のみが利用できることを意味しています。
　それではMAKE_DATE()の定義を調べてみます。

▶リスト6-9 MAKE_DATE()関数の定義を調べる

```
\df MAKE_DATE
```

　実行結果は以下のとおりです。

▶リスト6-10 MAKE_DATE()関数の定義を調べる（実行結果）

```
                        List of functions
  Schema   |   Name  |Result data type|    Argument data types          |Type
-----------+---------+----------------+---------------------------------+------
 pg_catalog|make_date|date            |year integer,month integer,day integer|normal
```

Argument data typesはyear integer, month integer, day integerとなっています。これは、引数にそれぞれyear、month、dayという名前が付けられていることを意味します。したがってMAKE_DATE()は名前付き表記を利用できるのです。

　本書では、関数を利用する際は一部の例外を除いて**位置表記**を用います。名前付き表記を利用する場合でも都度の解説は行いませんので、名前付き表記という表記があることと、「=>」を用いて引数の名前と値のペアを指定できることだけは覚えておいてください。

6-1-3 シグネチャ

　関数を使うためには、使いたい関数を特定できる情報をSQLの中に記述する必要があります。関数を特定するための情報のことを**シグネチャ（署名）** と呼びます。PostgreSQLにおいて、シグネチャは関数名と引数の情報で定められます。関数の名前だけあればどの関数か特定できそうですが、PostgreSQLの関数には、同じ関数名でありながら、複数の引数のパターン持つ関数が存在します。たとえば、文字列を切り取るSUBSTRING()関数は、2つ目の引数に対してSUBSTRING('PostgreSQL', 8)のように数値を与えたり、SUBSTRING('PostgreSQL', '...$')のように文字列を与えたりできます。

　PostgreSQLでは、同名の関数であっても引数の定義が異なると、別の関数と見なされます。SUBSTRING()関数の定義をコマンド\dt SUBSTRINGで調べると、結果が1つではないことがわかります。

▶リスト6-11 SUBSTRING()の関数定義

```
  Schema    |    Name   | Result data type |    Argument data types     | Type
------------+-----------+------------------+----------------------------+--------
 pg_catalog | substring | bit              | bit, integer               | normal
 pg_catalog | substring | bit              | bit, integer, integer      | normal
 pg_catalog | substring | bytea            | bytea, integer             | normal
 pg_catalog | substring | bytea            | bytea, integer, integer    | normal
 pg_catalog | substring | text             | text, integer              | normal
 pg_catalog | substring | text             | text, integer, integer     | normal
 pg_catalog | substring | text             | text, text                 | normal
 pg_catalog | substring | text             | text, text, text           | normal
```

通常 PostgeSQL の関数を利用する上でシグネチャを意識することはありませんが、同名の関数でも引数の説明が異なる場合、厳密には別の関数を指していることを理解しておいてください。

6-1-4 組み込み関数とユーザー定義関数

PostgreSQL の関数には、**組み込み関数**と**ユーザー定義関数**があります。組み込み関数は、あらかじめ定義された関数のことで、特別な準備なしに利用できます。ユーザー定義関数は、ユーザーが独自に定義した関数のことを指します。ユーザー定義関数は本書では取り扱いません。本書で関数と表記した場合、組み込み関数のことを指します。

組み込み関数は、RDBMS によって仕様が異なります。PostgreSQL にはあって MySQL にはない関数や、その逆もあります。本章では、PostgreSQL の組み込み関数のうち、使用頻度の高いものを取り上げて解説しています。

関数は与えられた値を処理し、処理結果を戻すしくみであるということがわかりました。関数の基本が理解できたところで、次節からは具体的な関数の解説を行います。

6-2

算術関数と演算子

算術とは、加算（足し算）や減算（引き算）などの基本的な計算や、対数を求めたり三角関数を計算したりするなどの数値計算全般のことを指します。本節では、算術関数と算術演算子について解説します。

6-2-1 算術関数

PostgreSQLの組み込み関数にはさまざまなものがあります。第5章のデータ型と同様、関数も扱う引数や戻り値によっていくつかの分類ができます。まずは数値を扱う**算術関数**について学んでいきましょう。算術関数の利用例を以下に示します。

▶リスト6-12 算術関数の利用例

```
SELECT ABS(-5);
```

ABS( )関数は引数に指定した**数値の絶対値**を戻す関数です。引数には数値を指定します。実行結果は以下のとおりです。

▶リスト6-13 算術関数の利用例（実行結果）

```
 abs
-----
   5
```

−5の絶対値「5」が得られました。このように数値の計算を行う関数を算術関数と呼びます。代表的な算術関数を次ページの表6-1に示します。公式ドキュメントでは、「算術関数」「乱数関数」「三角関数」に大別されていますが、本書ではすべて「算術関数」としてまとめています。

関数	解説	例
ABS(x)	x の 絶対値を求める	ABS(-2) = 2
LOG(b, x)	b を底とする x の対数を求める	LOG(2, 8) = 3.0
POWER(a, b)	a の b 乗を求める	POWER(2, 3) = 8
MOD(y, x)	y / x の剰余を求める	MOD(5, 3) = 2
ROUND(x, s)	x を精度 s で丸める	ROUND(2.236, 2) = 2.24
CEIL(x)	x 以上の最小の整数を求める	CEIL(-6.1) = -6
FLOOR(x)	x 以下の最大の整数を求める	FLOOR(5.2) = 5
TRUNC(x, s)	x を精度 s で切り捨てる	TRUNC(2.236, 2) = 2.23
RANDOM()	乱数を生成する	RANDOM() = 0.2053332

いくつかの関数を実際に使用します。まずはLOG()関数、POWER()関数、MOD()関数をそれぞれ使ってみます。

▶リスト6-14 LOG()、POWER()、MOD()関数

```
SELECT LOG(10, 100), -- 10を底とする100の対数
       POWER(2, 3), -- 2の3乗
       MOD(9, 4); -- 9/4 の余り
```

実行結果は以下のとおりです。

▶リスト6-15 LOG()、POWER()、MOD()関数（実行結果）

```
      log         | power | mod
------------------+-------+-----
 2.0000000000000000 |     8 |   1
```

各々の計算結果が得られました。なお、POWER()やMOD()は算術演算子で求めることもできます。算術演算子については後ほど解説します。

次に数値の丸めや切り捨てに関する関数を使用してみます。

▶リスト6-16 数値の丸めや切り捨てに関する関数

```
SELECT ROUND(4.5), -- 4.5 を小数点第1位で四捨五入
       ROUND(4.45, 1), -- 4.5 を小数点第2位で四捨五入
       CEIL(4.1), -- 4以上の最小の整数
       CEIL(-3.9), -- -3以上の最小の整数
       FLOOR(4.1), -- 4以下の最大の整数
       FLOOR(-3.9), -- -3以下の最大の整数
       TRUNC(4.1), -- 小数点を切り捨て
       TRUNC(-3.87, 1); -- 小数点第2位を切り捨て
```

実行結果は以下のとおりです。

数値の丸めや切り捨てに関する関数（実行結果）

```
round | round | ceil | ceil |  oor | floor | trunc | trunc
-------+-------+------+------+------+-------+-------+-------
    5 |   4.5 |   5 |  -3 |    4 |   -4 |    4 | -3.8
```

　まず、ROUND( )は四捨五入を行う関数です。ROUND(4.45, 1)の場合、小数点第2位の桁の値で四捨五入します。ROUND(4.5)では引数を1つしか与えていません。これはROUND(4.5, 0)と同じ意味で、小数点第1位の桁で四捨五入します。

　CEIL( )は天井関数とも呼ばれ、引数の数値以上で最小の整数を戻します。**引数の数値以上で最小の整数**とは、正の数の場合は、単純に小数点を切り上げることを意味します。CEIL(4.1)は「5」に、CEIL(5.99)は「6」になります。負の数の場合、CEIL(-4.1)は「-5」ではなく「-4」になる点に注意します。「-5」だと、引数「-4.1」よりもさらに小さい値ですので、**引数の数値以上の**最小の整数という定義と矛盾します。「-4」が正しい計算結果です。

　FLOOR( )は床関数とも呼ばれ、CEIL( )とちょうど反対の働きをします。正の数の場合、小数点を切り捨てる動作をします。負の数の場合、CEIL( )同様の注意が必要です。

　TRUNC( )は値の切り捨てを行います。ROUND( )同様に精度を指定できます。精度を省略すると「0」を指定したことになり、小数点以下の値を切り捨てます。

6-2-2 算術関数を列に対して利用する

　算術関数は、単に数値の計算に利用できるだけではなく、テーブルの列に対して適用できます。書籍の読者評価を想定したratingテーブルを利用して、列に対して関数を適用します。まずはratingテーブルを確認してみます。

ratingテーブルを確認

```
SELECT id,
       isbn,
       user_id,
       score
  FROM rating
 ORDER BY id ASC
 LIMIT 3;
```

　実行結果は以下のとおりです。

▶**リスト6-19** ratingテーブルを確認（実行結果）

```
id |     isbn      | user_id  | score
---+---------------+----------+-------
  1 | 4774123137    | 0b55dc43 |  4.3
  2 | 9784774167060 | c4ecc4db |  4.2
  3 | 9784774173238 | 1ca34a7a |  4.6
```

score列は書籍に対する評価点です。scoreの値をROUND( )で四捨五入します。

▶**リスト6-20** scoreを四捨五入

```
SELECT id,
       isbn,
       user_id,
       ROUND(score)
  FROM rating
 ORDER BY id ASC
 LIMIT 3;
```

実行結果は以下のとおりです。

▶**リスト6-21** scoreを四捨五入（実行結果）

```
id |     isbn      | user_id  | round
---+---------------+----------+-------
  1 | 4774123137    | 0b55dc43 |    4
  2 | 9784774167060 | c4ecc4db |    4
  3 | 9784774173238 | 1ca34a7a |    5
```

score列の値が四捨五入されたことがわかります。このように、列の値を引数にとり数値を計算できます。

　上記のリスト6-21では、もともとscoreという名称だった列がroundと表示されています。これは関数を使用したことによるものです。よりわかりやすい名前で表示するために、**AS句**を利用します。AS句は列名のエイリアス（別名）を付与する働きがあります。

▶**リスト6-22** 関数を使用した列にAS句を付与

```
SELECT id,
       isbn,
       user_id,
       ROUND(score) AS rounded_score -- AS句 を利用
  FROM rating
 ORDER BY id ASC
 LIMIT 3;
```

実行結果は以下のとおりです。

▶リスト6-23 関数を使用した列にAS句を付与（実行結果）

```
id |     isbn      | user_id  | rounded_score
----+---------------+----------+---------------
  1 | 4774123137    | 0b55dc43 |             4
  2 | 9784774167060 | c4ecc4db |             4
  3 | 9784774173238 | 1ca34a7a |             5
```

`AS rounded_score`を付与した結果、`rounded_score`と表示されるようになりました。

AS句で付与するエイリアスに利用できる文字は制限されています。エイリアスをダブルクォート（"）で囲むことで、スペースや日本語を含められます。

▶リスト6-24 スペースや日本語が含まれるエイリアスの利用

```
SELECT id,
       isbn,
       user_id AS "ユーザーID", -- 日本語を含むエイリアス
       ROUND(score) AS "rounded score" -- スペースを含むエイリアス
  FROM rating
ORDER BY id ASC
LIMIT 3;
```

実行結果は以下のとおりです。

▶リスト6-25 スペースや日本語が含まれるエイリアスの利用（実行結果）

```
id |     isbn      | ユーザーID | rounded score
----+---------------+----------+---------------
  1 | 4774123137    | 0b55dc43 |             4
  2 | 9784774167060 | c4ecc4db |             4
  3 | 9784774173238 | 1ca34a7a |             5
```

スペースや日本語を含むエイリアスが利用できました。本書では、ダブルクォートの必要ないエイリアスを指定しますが、方法として覚えておきましょう。

6-2-3 算術演算子

算術関数に続いて、算術演算子について解説します。算術演算子は、数値の加算や減算などの計算に利用する演算子です。まずは加算を行う算術演算子「+」を利用したSQLを以下に示します。

```
SELECT 1 + 2;
```

　算術関数の解説でも登場したFROM句のないSELECT文を使用しています。実行結果は以下のとおりです。

▶ **リスト6-27** 加算をするSELECT文（実行結果）

```
?column?
----------
        3
```

　「1 + 2」という計算の結果、「3」が得られたことがわかります。

　算術関数では、単純に数値の計算を行うだけではなく、テーブルの列に対して適用する例を解説しました。算術演算子も列に対して適用できます。以下に示すのは、book テーブルのprice列に対して「1.08」を乗算するSQLです。priceは書籍の税抜き（本体）価格です。priceに消費税率「1.08」を掛けることで税込み価格を取得します。乗算には算術演算子「*」を用います。

▶ **リスト6-28** priceに1.08を掛ける

```
SELECT price, -- 比較のために元の列を指定
       price * 1.08 AS price_tax_in  -- 乗算（AS句 利用）
  FROM book
 ORDER BY price DESC
 LIMIT 3;
```

　price * 1.08が計算部分です。このままだとSELECT文の実行結果の列名が「?column?」になるため、AS句でエイリアスを付与しています。計算結果を見たいだけならAS句は省略できます。実行結果は以下のとおりです。

▶ **リスト6-29** priceに1.08を掛ける（実行結果）

```
 price | price_tax_in
-------+--------------
 10000 |     10800.00
  7300 |      7884.00
  6900 |      7452.00
```

　乗算が行えました。このように列に対しても算術演算子を使用できます。

　算術演算子の基本的な使い方がわかったところで、「+」や「*」以外の算術演算子について見てみましょう。下記の表6-2にまとめます。

演算子	意味	例
+	加算	1 + 2 = 3
−	減算	3 − 1 = 2
*	乗算	2 * 3 = 6
/	除算	6 / 3 = 2
%	剰余（除算の余り）	5 % 2 = 1
^	累乗	2 ^ 3 = 8

各演算子の使い方はこれまでに解説した「+」や「*」と同じです。

6-2-4 データ型と算術演算子

算術演算子は数値データ型のデータに対して利用できます。以下は、文字型のデータに対して「+」を使用した例です。

▶リスト6-30 文字型データに算術演算子を使用

```
SELECT 'abc' + 1;
```

実行すると以下のエラーが発生します。

▶リスト6-31 文字型データに算塾演算子を使用（実行結果）

```
ERROR:  invalid input syntax for integer: "abc"
LINE 1: SELECT 'abc' + 1;
```

数値データ型に対して算術演算子を利用する場合もデータ型に注意が必要な場合があります。次のSQLは「10 / 3」という計算と「10 / 3.0」の計算の結果をそれぞれ表示するSELECT文です。

▶リスト6-32 10 / 3 と 10 / 3.0

```
SELECT 10 / 3,
       10 / 3.0;
```

一見同じ結果を返すように思いますが、これを実行すると結果が異なります。

```
 ?column? |      ?column?
----------+--------------------
        3 | 3.3333333333333333
```

「10 / 3」の場合、余り「1」は切り捨てられ、「3」が得られます。「10 / 3.0」の場合、小数点まで結果が求められ、「3.3333333333333333」が得られます。これは「10 / 3」という計算が、整数型の数値同士で行われているためです。一方の「10 / 3.0」は整数型と小数型の計算になるので、精度が高い小数型に合わせられ、小数点以下まで計算が行われます。このようにデータ型によっては異なる結果を返す場合があるので、算術演算子を使う際には計算する値のデータ型にも注意しましょう。

　文字型のデータに対して算術演算子を用いるとエラーが発生すると解説しましたが、エラーが発生しない場合もあります。「'10' / 3」というように、数値ではなく文字列としての「'10'」に対して算術演算子を利用したSQLの場合です。「'10' / 3」の場合だと、計算結果「3」が得られます。

　これは、PostgreSQLが**暗黙的なキャスト**を行っているためです。暗黙的なキャストは時に便利ですが、意図しない結果を招くこともあります。特に正確な計算が必要な場面では、暗黙的なキャストに頼らず、明示的にキャストをするほうがよいでしょう。明示的キャストは**CAST( )**関数を用いて行います。**CAST( )**関数については本章の後半で解説しています。

　なお、算術演算子はこの後の節で紹介する日付／時刻型に対しても利用できます。日付／時刻の計算は次節で取り扱います。

関数の戻り値や算術結果を関数の引数とする

算術関数や算術演算子による計算では、結果として数値を戻します。戻り値を直接別の関数の引数にできます。次の例を見てみましょう。

▶リスト6-34 関数の戻り値を関数の引数とする

```
SELECT POWER(ROUND(2.5), 3),
       TRUNC(POWER(ROUND(2.5), 3));
```

1行目の POWER(ROUND(2.5), 3) は、ROUND( )を使った計算結果を POWER( )の引数としています。2行目の TRUNC(POWER(ROUND(2.5), 3)) は、POWER( )の戻り値をさらに TRUNC( )の引数としています。このように関数を別の関数の中に入れ子にすることで、その戻り値を引数として使用できます。実行結果は以下のとおりです。

▶リスト6-35 関数の戻り値を関数の引数とする（実行結果）

```
        power         | trunc
----------------------+--------
 27.0000000000000000  |   27
```

まず ROUND(2.5) の結果「3」が戻ります。その結果を利用して、次に POWER(3, 3) が計算され、「27.00...」が戻ります。これが power 列です。trunc 列では、さらにその結果を TRUNC( )で処理しています。小数点以下が切り捨てられ、「27」が得られました。

今度は、算術演算子を使った計算を関数の引数にしてみましょう。次の例を見てください。

▶リスト6-36 算術演算の戻り値を関数の引数とする

```
SELECT FLOOR(2.0 - 3.2);
```

上記の例は「2.0 − 3.2」の結果を FLOOR( )の引数に使用しています。実行結果は以下のとおりです。

▶リスト6-37 算術演算の戻り値を関数の引数とする（実行結果）

```
 floor
-------
    -2
```

「2.0 − 3.2」の計算結果である「− 1.2」を FLOOR( )の引数としたので、「− 2.0」とい

う結果が戻りました。

　このように関数の引数には別の関数の戻り値や算術演算の結果を直接指定することも可能です。

本節では、算術に関わる関数と演算子について解説しました。データベースで数値を扱う場合、関数や演算子の利用場面は多くあります。算術関数は、引数に数値を与えるというシンプルな使い方である一方、内部でどのような計算が行われるかという点は理解しておく必要があります。演算子については暗黙的キャストを意識しつつ利用するとよいでしょう。次節では、日付／時刻に関する関数および演算子を取り扱います。

6-3 日付／時刻関数

Chapter 6 ｜ 関数と演算子

セクション5-4では、データ型の1つとして日付／時刻型について解説しました。本節では、現在の日付や時刻を取得する、3日後の日付を取得するといった、日付／時刻型のデータを処理する関数と演算子について解説します。

6-3-1 日付／時刻関数

　前節では算術関数について学びました。ここからは日付や時刻を処理する関数について学んでいきましょう。まずは日付を扱う関数の利用例を以下に示します。

▶リスト6-38 CURRENT_DATE関数

```
SELECT CURRENT_DATE;
```

　CURRENT_DATEは、**現在の年月日**を戻す関数です。CURRENT_DATEは () を付与しない点に注意します。実行結果は以下のとおりです。

▶リスト6-39 CURRENT_DATE関数（実行結果）

```
current_date
--------------
2017-10-17
```

　年月日が取得できました。実際に取得できる日付は実行した日付に依存するため、上記の日付は一例です。

Column ｜ 正確には「現在の日付」ではない？

　CURRENT_DATEは現在の年月日を戻すと説明しましたが、正確には「現在」の日付を戻してはいません。「現在の年月日を戻す」ではなく「トランザクションの開始時点の年月日を戻す」というのが正しい説明です。トランザクションについては第10章で解説しますが、ここでは「現在の年月日」という理解で問題ありません。

導入として、日付に関する関数をもう2つ紹介します。`MAKE_DATE()`関数と`DATE_PART()`関数です。

▶リスト6-40 MAKE_DATE()関数、DATE_PART()関数

```
SELECT MAKE_DATE(2017, 07, 10),
       DATE_PART('month', MAKE_DATE(2017, 07, 07)) AS month,
       DATE_PART('quarter', MAKE_DATE(2017, 07, 07)) AS q;
```

実行結果は以下のとおりです。

▶リスト6-41 MAKE_DATE()関数、DATE_PART()関数（実行結果）

```
 make_date  | month | q
------------+-------+---
 2017-07-10 |     7 | 3
```

`MAKE_DATE()`は、与えられた`INT`型の数値に基づき、`DATE`型の日付を戻す関数です。`MAKE_DATE(2017, 07, 10)`の場合、左から順に年、月、日を数値で与えています。結果、「2017-07-10」が戻ります。この関数は、たとえば生年月日入力フォームなどからを年、月、日を個別に入力した際に、それぞれの入力値を1つの日付型データに整えるのに使用します。

`DATE_PART()`は、日付や時刻から指定した**部分フィールド**を抽出する働きをする関数です。部分フィールドとは、日付／時刻型 のデータが持つ、データの区分のことです。「2017-07-10」というデータの場合、年フィールドとして「2017」に、月フィールドとして「07」に、日付フィールドとして「10」に区分できます。部分フィールドの一部を下記の表6-3に示します。表中の抽出結果の値は、データが「2006-01-02 15:04:05.9+00」の場合の例です。

▶表6-3 代表的な日付／時刻型の部分フィールド

フィールド	意味	抽出結果
century	世紀	21
year	年	2006
month	月	1
day	日	2
hour	時	15
minute	分	4
second	秒	5.9
week	週数	1
quarter	四半期	1

DATE_PART('month', MAKE_DATE(2017, 07, 10))の場合、第1引数に'month'を指定したことで、「月フィールドの値を抽出する」という意味になります。第2引数には、すでに解説したMAKE_DATE()を使用してINT型の数値に基づきDATE型の日付を作成しています。これは、日付／時刻型のデータでなければエラーとなるためです。リスト6-41を確認してみると、日付「2017-07-10」の月フィールドは「7」が取得できていることがわかります。

DATE_PART()の第1引数に'quarter'を指定すると四半期フィールドの値を抽出します。四半期フィールドとは、1年間を3ヶ月毎に4分割して1から4までを割り振った値を持つフィールドです。4月の場合四半期フィールドの値は2、7月の場合は3になります。四半期フィールドは四半期ごとのデータの集計に利用できます。

代表的な日付／時刻関数を次の表6-4に示します。

▶ 表6-4 代表的な日付／時刻関数

関数	解説	例
CURRENT_DATE	トランザクションの開始された年月日を取得します	CURRENT_DATE = 2017-12-04
CURRENT_TIME	トランザクションの開始された時刻を取得します	CURRENT_TIME = 13:58:03.055611+00
CURRENT_TIMESTAMP	トランザクションの開始されたタイムスタンプを取得します	CURRENT_TIME = 2017-12-04 13:58:20.220134+00
NOW()	CURRENT_TIMESTAMP と同等です	NOW() = 2017-12-04 13:58:20.220134+00
CLOCK_TIMESTAMP()	現在のタイムスタンプを取得します	CLOCK_TIMESTAMP() = 2017-12-04 13:59:12.391384+00
DATE_PART(f, t)	日付/時刻データtから指定した部分フィールドfの値を抽出します	DATE_PART('year', '2020-10-20') = 2020
DATE_TRUNC(f, t)	日付/時刻データtを指定した部分フィールドfで切り捨てます	DATE_TRUNC('month', '2020-10-20') = 2020-10-01 00:00:00+00
MAKE_DATE(year, month, day)	引数に与えた数値を元に、日付データ型を戻します。	MAKE_DATE(2006, 1, 2) = 2006-01-02
MAKE_INTERVAL()	引数に与えた数値を元に、インターバルを戻します	MAKE_INTERVAL(years => 10, months => 14) = 11 years 2 mons

表の中の関数について、一番下のMAKE_INTERVAL()について解説します。MAKE_INTERVAL()は、**インターバル**を戻す関数です。インターバルとは、**時間の間隔**のことです。MAKE_INTERVAL()を使用した次のSELECT文を見てみましょう。

▶**リスト6-42** MAKE_INTERVAL()でインターバルを取得

```
SELECT MAKE_INTERVAL(months => 18), -- 18カ月
       MAKE_INTERVAL(years => 2, months => 13), -- 2年と13カ月
       MAKE_INTERVAL(days => 1, hours => 48); -- 1日と48時間
```

MAKE_INTERVAL()では名前付き表記を利用できます。実行結果は以下のとおりです。

▶**リスト6-43** MAKE_INTERVAL()でインターバルを取得（実行結果）

```
make_interval | make_interval | make_interval
--------------+---------------+-----------------
1 year 6 mons | 3 years 1 mon | 1 day 48:00:00
```

MAKE_INTERVAL()で取得したインターバルは、日付／時刻の計算に利用できます。

▶**リスト6-44** インターバルを利用した日付の計算

```
SELECT MAKE_DATE(2020, 7, 24) - MAKE_INTERVAL(years => 2, months => 13);
```

実行結果は以下のとおりです。

▶**リスト6-45** インターバルを利用した日付の計算（実行結果）

```
        ?column?
---------------------
 2017-06-24 00:00:00
```

まず MAKE_DATE()を利用して2020年7月24日の日付型のデータを作成します。日付型のデータに対して、MAKE_INTERVAL()から得られたインターバルを減算します。「2020年7月24日の1年と13ヶ月前」を計算したことになり、結果「2017年6月24日」が得られています。

6-3-2 日付／時刻関数を列に対して使用する

DATE_PART()やDATE_TRUNC()など引数を持つ関数は、データベースの日付／時刻データに対して適応できます。

▶リスト6-46 DATE_PART()を列に対して適用

```sql
SELECT title,
       published_at, -- 確認のために元の列の値を取得
       DATE_PART('year', published_at) AS year, -- published_atから年フィールドを抽出
       DATE_PART('month', published_at) AS month -- 月フィールドを抽出
  FROM book
 ORDER BY published_at ASC
 LIMIT 3;
```

実行結果は以下のとおりです。

▶リスト6-47 DATE_PART()を列に適用（実行結果）

```
                 title             | published_at | year | month
-----------------------------------+--------------+------+-------
 C言語による最新アルゴリズム事典    | 1991-02-25   | 1991 |     2
 Numerical Recipes in C 日本語版    | 1993-05-25   | 1993 |     5
 すぐわかるC/C++                    | 1994-09-12   | 1994 |     9
```

published_at列から 年フィールドおよび月フィールドの値が抽出できました。リスト6-40では、MAKE_DATE()を利用して数値データから日付データを作成しました。DATE_PART()は対象とする列が日付／時刻型の場合、列の値を直接利用できます。同様に、DATE_TRUNC()を列に対して適用してみます。

▶リスト6-48 DATE_TRUNC()を列に適用

```sql
SELECT isbn,
       created_at, -- 確認のために元の列の値を取得
       DATE_TRUNC('day', created_at) AS day, -- 日付未満の 部分フィールドを 0 に
       DATE_TRUNC('hour', created_at) AS hour -- 時刻未満の 部分フィールドを 0 に
  FROM book
 ORDER BY published_at
 LIMIT 3;
```

実行結果は以下のとおりです。

▶リスト6-49 DATE_TRUNC()を列に適用（実行結果）

```
    isbn    |        created_at         |         day         |        hour
------------+---------------------------+---------------------+---------------------
 4874084141 | 2017-10-19 09:58:57.345171 | 2017-10-19 00:00:00 | 2017-10-19 09:00:00
 4874085601 | 2017-10-19 09:58:57.345171 | 2017-10-19 00:00:00 | 2017-10-19 09:00:00
 4774100684 | 2017-10-19 09:58:57.345171 | 2017-10-19 00:00:00 | 2017-10-19 09:00:00
```

データベースの作成タイミングにより、日付の表示が異なる可能性があります。元の値を取得しているcreated_at列との比較で動作を確認してください。

DATE_TRUNC('day', created_at)の場合、日付フィールド より小さい時刻のフィールドがすべて0になりました。それに対してDATE_TRUNC('hour', created_at)の場合

は、時間フィールドより小さいフィールドがすべて0になりました。このように指定した部分フィールドを日付／時刻の精度とし、指定精度で切り捨てを行うのが`DATE_TRUNC()`の働きです。こちらの列でも日付／時刻型の列を直接引数に指定できました。

6-3-3 日付／時刻演算子

日付／時刻型 データに対して利用できる演算子、日付／時刻演算子があります。使い方は算術演算子とよく似ています。しかし数値データを計算する場合と、日付／時刻データを計算する場合とでは計算方法が異なります。演算子「+」と「−」を使用した例を以下に示します。

▶ **リスト6-50** 日付に対する加算と減算

```
SELECT MAKE_DATE(2006, 01, 02) AS today,
       MAKE_DATE(2006, 01, 02) + 1 AS tomorrow,
       MAKE_DATE(2006, 01, 02) - 3 AS three_days_before;
```

実行結果は以下のとおりです。

▶ **リスト6-51** 日付に対する加算と減算（実行結果）

```
    today   |  tomorrow  | three_days_before
------------+------------+-------------------
 2006-01-02 | 2006-01-03 | 2005-12-30
```

2006年1月2日という日付データに対して1を加えると、1日後の**2006年1月3日**が得られます。3を引くと、3日前の**2005年12月30日**が得られます。このように、日付というの概念の中で計算が行われることが、日付／時刻演算子の特徴です。

●インターバルの利用

上記のリスト6-50では、日付型のデータに対して整数を加算および減算しました。構文としては問題ありませんが、年フィールドに対する計算なのか、日付フィールドに対する計算なのか明確にするために、インターバルを利用します。インターバルは`MAKE_INTERVAL()`関数で取得できます。

```
SELECT MAKE_DATE(2006,01,02) + MAKE_INTERVAL(months => 3) AS add_3months,
    -- 3カ月を加算
    MAKE_INTERVAL(hours => 24) - MAKE_INTERVAL(mins => 65) AS subtract_65mins,
    -- 24時から65分を減算
    MAKE_INTERVAL(hours => 1) / 4 AS quarter; --1時間を4で除算
```

実行結果は以下のとおりです。

▶リスト6-53 インターバルを用いた日付/時刻計算（実行結果）

```
   add_3months      | subtract_65mins | quarter
--------------------+-----------------+----------
 2006-04-02 00:00:00 | 22:55:00        | 00:15:00
```

subtract_65mins列のMAKE_INTERVAL(hours => 24) - MAKE_INTERVAL(mins => 65)の計算の例を見るとインターバルの効果がわかりやすいでしょう。MAKE_INTERVAL(hours => 24)で「24時間」というインターバルが得られました。同様にMAKE_INTERVAL(mins => 65)では「65分」（1時間5分）というインターバルが得られました。両者を減算し、「22時間55分」という結果が得られました。インターバル同士を計算した場合、得られる値もインターバルです。

add_3months列のMAKE_DATE(2006,01,02) + MAKE_INTERVAL(months => 3)のように、日付／時刻データに対してもインターバルを使って計算が行えます。2006年1月2日に3カ月のインターバルを加算した結果、「2006-04-02」が求められました。

また、日付データ同士を計算すると、インターバルが得られます。次の例は日付データ同士を減算して2つの日付の差を求めています。

▶リスト6-54 日付データ同士の減算

```
SELECT published_at, -- 確認のために元の値を取得
    published_at - MAKE_DATE(2017, 9, 1) AS date_interval -- 日付同士の計算
  FROM book
 ORDER BY published_at DESC
 LIMIT 2;
```

実行結果は以下のとおりです。

▶リスト6-55 日付データ同士の減算（実行結果）

```
 published_at | date_interval
--------------+---------------
 2017-08-09   |           -23
 2017-07-29   |           -34
```

2017年9月1日と2017年8月9日の差は23日です。2017年7月29日との差は34日です。日付データ同士の減算から、インターバルが求められることがわかりました。CURRENT_DATE や NOW() などの現在時刻を取得する関数と組み合わせると、**現時点からどの程度経過したか**や、予定している日時まで**あと何日か**といったインターバルを計算できます。

◉月末の日付を求める

　日付／時刻関数やインターバルを使って、月末の日付を求める例を紹介します。月末の日付は、月によって30日であったり31日であったり、閏年（うるう年）の考慮が必要であったりします。次の例は2020年5月の月末日を取得する方法です。

▶ **リスト6-56** 月末日を取得

```
SELECT published_at, -- 確認のため、元の列の値を取得
       DATE_TRUNC('month', published_at) + MAKE_INTERVAL(months => 1) -
       MAKE_INTERVAL(days => 1) AS last_day
  FROM book
 ORDER BY published_at DESC
 LIMIT 3;
```

　日付データを持つ published_at 列に対して DATE_TRUNC() を適用し、月より小さい日付フィールドの値を切り捨てました。これにより、**published_at の日付データが1日**にそろいました。+ MAKE_INTERVAL(months => 1) により1カ月のインターバルを加算しました。2017年7月1日であれば、2017年8月1日になります。そこからさらに、- MAKE_INTERVAL(days => 1) で1日のインターバルを減算しました。2017年8月1日であれば2017年7月31日になります。

▶ **図6-2** リスト6-56で月末日を取得する流れ

実行結果は以下のとおりです。

▶ **リスト6-57** 月末日を取得（実行結果）

```
 published_at |          last_day
--------------+-------------------------
 2017-08-09   | 2017-08-31 00:00:00+00
 2017-07-29   | 2017-07-31 00:00:00+00
 2017-07-29   | 2017-07-31 00:00:00+00
```

月末の日付が取得され、`last_day`列に表示できました。

本節では、日付／時刻を扱う関数と演算子について解説を行いました。日付／時刻関数では、現在時刻を取得する、文字列から日付データを作成するといったことが行えました。日付／時刻演算子の解説では、日付／時刻の概念を取り込んだ数値の計算とは異なる計算が行われることがわかりました。データベースを利用する上で、日付／時刻データを扱う場面は多くあります。日付／時刻データ特有の扱いに慣れておいてください。

6-4

文字列関数と演算子

セクション5-2では、データ型の1つとして文字型について解説しました。文字の置き換えや文字列の結合を行うには、関数や演算子を利用します。本節では、文字や文字列を処理する関数と演算子について解説します。

6-4-1 文字列関数

　文字列を操作する関数は、SQLやデータベースそのものを扱う上で頻出の関数になります。まずは簡単な例で文字列関数を見てみましょう。文字列関数の利用例を以下に示します。

▶リスト6-58 文字列関数の利用例

```
SELECT LOWER('Hello World!');
```

　LOWER( )関数は、引数に与えられた文字列のうち大文字のアルファベット（UPPER CASE）を小文字（lower case）にして戻す働きを持つ関数です。実行結果は以下のとおりです。

▶リスト6-59 文字列関数の利用例（実行結果）

```
     lower
---------------
 hello world!
```

　文字列「Hello World!」のうち、大文字である「H」と「W」がそれぞれ「h」と「w」になりました。

　このように文字列を変換したり、結合したりするのが文字列関数の役割です。代表的な文字列関数を次の表6-5にまとめます。

▶表6-5 代表的な文字列関数

関数	解説	例
UPPER(s)	文字列sに含まれるアルファベットを大文字にします	UPPER('Hello') = 'HELLO'
LOWER(s)	文字列sに含まれるアルファベットを小文字にします	LOWER('World') = 'world'
SUBSTRING (s, from, for)	文字列sのfrom番目からfor文字分の文字を取得します	SUBSTRING('PostgreSQL', 3, 5) = 'stgre'
LEFT(s, for)	文字列sの左からfor文字分の文字を取得します	LEFT('PostgreSQL', 3) = 'Pos'
RIGHT(s, for)	文字列sの右からfor文字分の文字を取得します	RIGHT('PostgreSQL', 3) = 'SQL'
CONCAT (s1, s2, s3...)	文字列を結合します	CONCAT('Hello ', 'World') = 'Hello World'
CONCAT_WS (sep, s1, 2...)	文字列をセパレータsepを利用して結合します	CONCAT_WS('__', 'DB' ,'TABLE') = 'DB__TABLE'
LENGTH(s)	文字列sの長さを戻します	LENGTH('SQL') = 3
REPLACE (s, from, to)	文字列sに含まれる文字列fromを文字列toに置換	REPLACE('PostgreSQL', 'Postgre', 'My') = 'MySQL'
TRIM(s)	文字列sの左右にスペースが含まれる場合、トリムします	TRIM(' SQL ') = 'SQL'
FORMAT (format, s)	定義したフォーマット文字列を利用して文字列を生成します	FORMAT('My name is %s', 'Tom') = 'Tom'

文字列関数は豊富に用意されています。いくつかの関数を解説します。

まず**TRIM()関数**について、上記の表6-5では「左右にスペースが含まれる場合、トリム」すると解説しました。トリム（trim）およびトリミング（trimming）は、文字列前後の余白を取り除くことや、写真や画像データから一定範囲を切り抜くことを指す言葉です。**TRIM()**はスペースのトリミングに利用されますが、スペース以外の文字でもトリミングの対象にできます。

また、トリムする位置を指定することもできます。指定できるトリム位置は「前方」「後方」「前後」の3パターンです。

▶表6-6 TRIM()関数の指定可能なトリム位置

位置	指定方法
前方	leading
後方	trainling
前後	both

それぞれのトリムの方法を次の例で見ていきましょう。

TRIM()関数

```sql
SELECT TRIM('  tokyo  '), -- 前後のスペースのトリム
       TRIM(leading from '  tokyo  '), -- 前方のみトリム
       TRIM(trailing '  tokyo  '), -- 後方のみトリム。from は省略可能
       TRIM(both from 'tokyo-osaka-kyoto', 'to'); -- 前後の 't' と 'o' をトリム
```

TRIM(leading from ' tokyo ')やTRIM(trailing ' tokyo ')のように文字列の前にトリムの位置指定を記述します。指定を省略した場合は「both」と同じ動作になります。また、TRIM(both from 'tokyo-osaka-kyoto', 'to');のように、スペース以外の文字列を指定できます。この場合、「to」ではなく「t」と「o」がそれぞれトリム対象の文字になります。リスト6-60の実行結果は以下のとおりです。

TRIM()関数（実行結果）

```
 btrim |  ltrim  | rtrim  |    btrim
-------+---------+--------+---------------
 tokyo | tokyo   |  tokyo | kyo-osaka-ky
```

スペースや指定した文字でトリムが行えました。

もう1つ、今度は文字列を結合する関数を紹介します。**CONCAT()関数**と**CONCAT_WS()関数**はどちらも文字列を結合する働きを持つ関数です。CONCAT_WS()は、結合時の区切り文字となる文字列を第1引数に指定します。

CONCAT()関数とCONCAT_WS()関数

```sql
SELECT CONCAT('Python', 'Java', 'Ruby'), -- 区切りなしで結合
       CONCAT_WS(',', 'Python', 'Java', 'Ruby'), -- カンマ区切りで結合
       CONCAT_WS('-', 'Python', 'Java', 'Ruby'); -- ハイフン区切り
```

実行結果は以下のとおりです。

CONCAT_WS()関数（実行結果）

```
    concat      |    concat_ws     |    concat_ws
----------------+------------------+-------------------
 PythonJavaRuby | Python,Java,Ruby | Python-Java-Ruby
```

3つの文字列が、それぞれ指定した方法で結合されました。

6-4-2 文字列関数を列に対して利用する

　文字列関数をデータベースの列に対して適用します。関数を利用して、書籍のタイトルを括弧（『』）で囲うという処理を行います。

▶ **リスト6-64** CONCAT()で書籍タイトルに『』を付与

```
SELECT title, -- 確認のために元の値を取得
       CONCAT('『', title, '』') -- CONCAT() を使って文字列結合
  FROM book
 ORDER BY published_at ASC
 LIMIT 3;
```

　CONCAT('『', title, '』')として、「『」と、データベースから得られる書籍のタイトル、「』」の3つの文字列を結合しています。実行結果は以下のとおりです。

▶ **リスト6-65** CONCAT()で書籍タイトルに『』を付与（実行結果）

```
                title                |              concat
-------------------------------------+-------------------------------------
 C言語による最新アルゴリズム事典      | 『C言語による最新アルゴリズム事典』
 Numerical Recipes in C 日本語版      | 『Numerical Recipes in C 日本語版』
 すぐわかるC/C++                      | 『すぐわかるC/C++』
```

　文字列が結合され、タイトルが括弧で囲われていることがわかります。また、**FOMRAT()関数**でも同様のことができます。

▶ **リスト6-66** FORMAT()で書籍タイトルに『』を付与

```
SELECT title, -- 確認のために元の値を取得
       FORMAT('『%s』', title) -- FORMAT() を使って文字列結合
  FROM book
 ORDER BY published_at ASC
 LIMIT 3;
```

　FORMAT()の場合、%sが文字列を挿入する位置になります。挿入される文字列は第2引数の**title**列から取得できる文字列です。%sは複数記述可能です。その場合、第2引数以降の引数に対応します。FORMAT()関数の使用例を以下に示します。

▶ **リスト6-67** FORMAT()の使用例

```
SELECT FORMAT('%s-%s', 'A', 'B'), -- %s を 2つ
       FORMAT('%s-%s-%s', 'A', 'B', 'C'), -- %s を 3つ
       FORMAT('%s-%3$s-%2$s', 'A', 'B', 'C');
```

実行結果は以下のとおりです。

▶リスト6-68 FORMAT()の使用例（実行結果）

```
format | format | format
--------+--------+--------
A-B    | A-B-C  | A-C-B
```

%3$sや%2$sは、挿入する文字列の引数の順番を指定しています。引数「A」の位置が%1$sに対応します。%3$sで「C」が、%2$sで「B」が挿入され、結果として文字列「A-C-B」が得られます。SELECT FORMAT('%s-%s', 'A')のように対応する引数に過不足があるとエラーが発生します。

6-4-3 文字列演算子

これまで、数値の計算を行う算術演算子、日付／時刻の処理を行う日付／時刻演算子を解説してきました。演算子には、文字列に関する処理を行う文字列演算子もあります。

文字列の結合を行う文字列演算子が||（パイプを2つ）です。||を用いて、bookテーブルのprice列の値に、文字「円」を結合します。

▶リスト6-69 ||を使い文字列を結合

```
SELECT title,
       price || '円' AS price -- 演算子を使って文字列結合
  FROM book
 ORDER BY published_at ASC
 LIMIT 3;
```

実行結果は以下のとおりです。

▶リスト6-70 ||を使い文字列を結合（実行結果）

```
                 title                | price
--------------------------------------+--------
 C言語による最新アルゴリズム事典      | 2330円
 Numerical Recipes in C 日本語版      | 4757円
 すぐわかるC/C++                      | 1893円
```

price列の価格の値と、文字「円」が結合された結果が得られました。

まとめ

本節では、文字列関数について解説しました。文字列関数を使って、文字列の変換や文字列の結合やトリムなどを行えることがわかりました。価格の数値に通貨を付与した例のように、データベースに含まれるデータを少しだけ加工して出力したい場合、文字列関数を利用すると便利です。次節では、これまで取り上げなかったそのほかの関数をいくつかの関数を紹介します。

6-5

そのほかの関数

本節では、これまでに取り上げなかった関数の中から、便利な関数をいくつか紹介します。関数を使うことによってできることの範囲が広がり、SQLを書く手間も少なくなります。積極的に使っていきましょう。

6-5-1 CAST

　あるデータ型を、ほかのデータ型に変換することを**キャスト**ないし**タイプキャスト**といいます。キャストを行うには、**CAST()関数**を使います。使い方は次の例のとおりです。

▶**リスト6-71** 文字型の'2'をINT型にキャスト

```
SELECT CAST('2' AS INT);
```

　CAST()は、キャスト対象の値や列を指定した後に、AS に続けて変更後のデータ型を指定します。

　それでは、キャストが行えていることを確認してみましょう。以下のSELECT文はエラーになり正しく実行できません。

▶**リスト6-72** 文字型同士の加算

```
SELECT '2' + '5';
```

　キャストを行っていないので、これでは文字型同士の計算になってしまっています。以下のようにすれば計算が行えます。

▶**リスト6-73** 文字型をキャストしてから加算

```
SELECT CAST('2' AS INT) + CAST('5' AS INT);
```

実行の結果「7」が得られます。このように**CAST( )**は、複数の値の型をそろえるためによく使われます。

6-5-2 COALESCE、NULLIF

COALESCE( )関数、**NULLIF( )関数**はどちらもNULLの扱いに関する関数です。**COALESCE( )**関数は、値がNULLだった場合に、指定した別の値を戻す働きを持ちます。

▶ **リスト6-74** COALESCE( )関数

```
SELECT isbn,
       author, -- 確認のため元の列を指定
       COALESCE(author, '著者未登録')
  FROM book
 WHERE author IS NULL;
```

COALESCE( )の第1引数にNULLかどうかを評価する式を入力します。上記の例では列を指定しています。第2引数に、第1引数がNULLだった場合、NULLの代わりに戻す値を指定できます。実行結果は以下のとおりです。

▶ **リスト6-75** COALESCE( )関数（実行結果）

```
      isbn       | author | coalesce
-----------------+--------+------------
 9784774130422 |        | 著者未登録
```

WHERE author IS NULLという条件を指定しているため、**author**列の値はNULLです。NULLの代わりに文字列「著者未登録」が戻されました。

また、**COALESCE( )**では、NULLかどうかを判定する式を複数指定できます。

▶ **リスト6-76** COALESCE( )で複数の式を判定

```
SELECT COALESCE(NULL, NULL, NULL, '4番目の値'),
       COALESCE(NULL, '2番目の値', NULL, '4番目の値');
```

COALESCE( )は、列の値や式がNULLだった場合にそのままNULLを取得するのではなく、代替の値を戻したい場合に利用できます。COALESCE()の引数に複数の引数を与えた場合、1つ目がNULLなら2つ目を取得、2つ目もNULLなら3つ目を取得……という動作をします。NULLではない値が取得できた場合は、その値を戻し処理を終了します。

リスト6-76の実行結果は以下のとおりです。

```
coalesce  | coalesce
----------+----------
4番目の値 | 2番目の値
```

NULLIF()関数は、条件に一致した場合にNULLを戻す働きを持ちます。

▶ リスト6-78 NULLIF()関数

```
SELECT isbn,
       price, -- 確認のため元の列を指定
       NULLIF(price, 10000)
  FROM book
 WHERE price > 7000
 ORDER BY isbn DESC;
```

NULLIF()は、第1引数に評価する式を指定します。上記ではprice列を指定しました。第2引数に第1引数の値と比較する値を指定します。両者が一致した場合、NULLが戻ります。一致しなかった場合、第1引数の値が戻ります。実行結果は以下のとおりです。

▶ リスト6-79 NULLIF()関数（実行結果）

```
     isbn      | price | nullif
---------------+-------+--------
 9784774180083 |  7300 |   7300
 9784774133690 | 10000 |
```

priceが「7300」の行では、NULLIF()の値は「7300」です。これはprice列の値が第2引数の値「10000」と一致しなかったためです。priceが「10000」の行では、NULLIF()の結果はNULLになりました。

NULLIF()の有効な使い方を紹介します。NULLIF()を使ってゼロ除算を防ぐ方法があります。ゼロ除算、たとえばSELECT 5 / 0;を行うと、「ERROR: division by zero」というエラーが発生します。以下のようにするとNULLIF(0, 0)でNULLが戻るため、「5 / NULL」で結果はNULLになります。エラーは発生しません。

▶ リスト6-80 NULLIF でゼロ除算を防ぐ

```
SELECT 5 / NULLIF(0, 0);
```

上記の例では、NULLIF(0, 0)とどちらの引数にも数値を指定していますが、第1引数には列を指定できます。値に0が含まれる列を分母とする除算を行う場合にこの方法でエラーを回避できます。

6-5-3 GREATEST, LEAST

GREATEST()関数は、引数に与えられた値のうち最大のものを戻す関数です。**LEAST()関数**は反対に最小のものを戻す関数です。

▶**リスト6-81** GREATEST()関数、LEAST()関数

```
SELECT GREATEST(1, 5, 2),
       LEAST(2, 5, -3);
```

どちらの関数にも2つ以上の値を指定できます。実行結果は以下のとおりです。

▶**リスト6-82** GREATEST()関数、LEAST()関数（実行結果）

```
 greatest | least
----------+--------
        5 |    -3
```

GREATEST()を利用すれば、たとえば、「書籍の価格を一律10%OFFにするが、2,000円を下回らないようにしたい」といったことが実現できます。

▶**リスト6-83** GREATEST()関数を使った最低価格の指定

```
SELECT price, -- 確認のため元の値を取得
       GREATEST(2000, price * 0.9) -- 最低でも 2,000円
  FROM book
 WHERE price BETWEEN 1800 AND 2300
 GROUP BY price
 ORDER BY price DESC
 LIMIT 5;
```

GREATEST(2000, price * 0.9)としたことで、2000とprice * 0.9の計算結果のうち、大きいほうの値が戻されます。実行結果は以下のとおりです。

▶**リスト6-84** GREATEST()関数を使った最低価格の指定（実行結果）

```
 price | greatest
-------+-----------
  2300 |    2070.0
  2280 |    2052.0
  2240 |    2016.0
  2200 |      2000
  2180 |      2000
```

元の価格2,180円を10%OFFすると1,962円となり2,000円を下回ります。**GREATEST()**

の効果により、「1962」ではなく「2000」が取得されています。

ーーーー まとめ ーーーー

本章では、いくつかの関数を活用例とともに解説しました。SQL を学びながら、自分なりの活用方法を考えてみてください。

Chapter 7

データの集約

本節では、データの集約について解説します。集約とは、複数の値の合計値を求めたり、最大値を求めたりといった処理を指します。SQLで集約を行うにはGROUP BY句の理解が欠かせません。本章ではGROUP BY句の解説と、GROUP BY句に関連するHAVING句について解説します。

7-1 集約関数と GROUP BY句の基本

本節では、SQLで集約処理を行う集約関数と、あわせて利用することの多いGROUP BY句の基本について解説します。この2つを身につければ、SQLを使ったデータ集計が行えるようになります。簡単な機能から学んでいきましょう。

7-1-1 集約関数の基本

集約とは、物事を整理し1つにまとめることを意味する言葉です。データベースにおいては、複数の値（特に数値）に対して何らかの処理を行い結果を得ることを指します。たとえば、bookテーブルはprice列は書籍の価格という数値データを持っています。bookテーブルが持つ価格のうち、**最も高い価格**を求めたい場合、集約を行うことになります。**価格の平均値**を求めたい場合も同様に集約を行う必要があります。

この集約の機能を担うのが**集約関数**です。**集約関数**は、複数の行のある列の値を入力とし、1つの計算結果を戻す働きを持つ関数のことです。集約関数には、最大値を求めるMAX( )関数や、平均値を求めるAVG( )関数などがあります。

実際に集約関数を使用してみます。以下のSQLは、bookテーブルのprice列の最大値を求めるSELECT文です。

▶リスト7-1 価格の最大値を求める

```
SELECT MAX(price) AS max_price
  FROM book;
```

MAX( )関数の引数としてprice列を指定しています。実行結果は以下のとおりです。

▶リスト7-2 価格の最大値を求める（実行結果）

```
 max_price
-----------
     10000
```

結果、「10000」という値が得られました。

本当に「10000」が最大値なのか、別の方法で確かめてみます。以下のSQLは価格の高い順に3件の行を取得するSELECT文です。

▶リスト7-3 価格の最大値を確認

```sql
SELECT title,
       price
  FROM book
 ORDER BY price DESC
 LIMIT 3;
```

実行結果は以下のとおりです。

▶リスト7-4 価格の最大値を確認（実行結果）

```
                   title                    | price
--------------------------------------------+-------
 ネットユーザー白書2008                      | 10000
 無料電子カルテ OpenDolphinパーフェクトガイド  |  7300
 医用画像3Dモデリング・3Dプリンター活用実践ガイド | 6900
```

価格の最大値が「10000」で間違いないことが確認できました。集約関数MAX()により、価格の最大値が取得できたことがわかります。

7-1-2 GROUP BY句

集約関数と密接な関係を持つのが**GROUP BY句**です。GROUP BY句は、指定する列をグループ化する働きを持ちます。

リスト7-1では、**book**テーブル全体の価格から最大の値を取得しました。ですが、テーブル全体ではなく、**書籍のジャンルごと**に価格の最大値を求めたい場合は、どのような方法があるでしょうか。bookテーブルでは、**sub_genre_id**列に書籍のサブジャンルごとに割り当てられたコード情報を保持しています。bookテーブルの**sub_genre_id**は以下のように「1008」や「0403」など4桁の番号で構成されています。

▶リスト7-5 bookテーブルのsub_genre_id列

```
     isbn      | sub_genre_id
---------------+--------------
 9784774191690 | 1008
 9784774191119 | 0403
 9784774190860 | 0604
```

特定のサブジャンルに限定して最大値を求めるのであれば、WHERE句でこのサブジャンルIDを絞り込み、**MAX()**関数と組み合わせる方法が考えられます。

1
2
3
4
5
6
7
8

特定のサブジャンルの価格の最大値を取得

```sql
SELECT MAX(price) AS max_price
  FROM book
 WHERE sub_genre_id = '0601';
```

　集約対象を特定のサブジャンルに限定したい場合、上記のSELECT文は有効です。しかし、集約対象をすべてのサブジャンルにした上で、**サブジャンルごとに**集約を行いたい場合、サブジャンルIDの指定を変更したSELECT文を何度も実行しなくてはなりません。そこで利用できるのが**GROUP BY句**です。**GROUP BY句**は、指定する列の値で行を**グループ化**する働きを持ちます。以下のSQLは、サブジャンルごとに価格の最大値を求めるSELECT文です。

▶ リスト7-7　サブジャンルごとに価格の最大値を求める

```sql
SELECT sub_genre_id,
       MAX(price) AS max_price
  FROM book
 GROUP BY sub_genre_id -- sub_genre_id でグループ化
 ORDER BY sub_genre_id
 LIMIT 5;
```

　FROMの次にGROUP BYという句が加わりました。GROUP BYにはグループ化したい列名を指定します。ORDER BYおよびLIMITは、取得結果件数を制限する目的で付与しています。実行結果は以下のとおりです。

▶ リスト7-8　サブジャンルごとに価格の最大値を求める（実行結果）

```
sub_genre_id | max_price
-------------+-----------
0101         |      4800
0102         |      3600
0103         |      6800
0104         |      3500
0105         |      2980
```

　リスト7-2の場合と異なり、複数の行が取得されました。ここでも同様に最大値が正しく取得できているかどうか確認するために、いくつかのサブジャンルIDの価格を別の方法で取得します。まずはサブジャンル「0101」の価格の最大値を確認します。

▶ リスト7-9　サブジャンル0101の価格の最大値を確認

```sql
SELECT sub_genre_id, title, price
  FROM book
 WHERE sub_genre_id = '0101'
 ORDER BY price DESC
 LIMIT 3;
```

実行結果は以下のとおりです。

▶リスト7-10 サブジャンル0101の価格の最大値を確認（実行結果）

```
 sub_genre_id |                   title                      | price
--------------+----------------------------------------------+-------
 0101         | Windows XP デバイスドライバプログラミング    |  4800
 0101         | Windows 2000 Server 構築・運用 実践ガイド     |  3480
 0101         | Windows 2000 Server システム構築ガイド       |  3400
```

サブジャンルID「0101」の価格の最大値は「4800」であることが確認できました。続いてサブジャンルID「0103」の価格を確認します。

▶リスト7-11 サブジャンルIDが0103の価格の最大値を確認

```
SELECT sub_genre_id, price
  FROM book
 WHERE sub_genre_id = '0103'
 ORDER BY price DESC
 LIMIT 3;
```

実行結果は以下のとおりです。

▶リスト7-12 サブジャンルIDが0103の価格の最大値を確認（実行結果）

```
 sub_genre_id | price
--------------+-------
 0103         |  6800
 0103         |  3780
 0103         |  3480
```

サブジャンルIDが「0103」の価格の最大値は「6800」であることが確認できました。GROUP BYを使った集約処理が正しく行われていることがわかりました。

―― **ま と め** ――

本節では、集約関数とGROUP BY句の基本を解説しました。集約関数は単体でも機能しますが、GROUP BYと併用されることが少なくありません。したがって本節では、集約関数とGROUP BYを続けて解説しました。本節で触れたMAX()以外にも集約関数は存在します。次節では、主な集約関数の解説を行います。

集約関数

前節では集約関数の基本について解説しました。本節では集約関数の具体的な使い方を解説します。より実践的な集約処理となるよう GROUP BY 句をあわせて使用するので、集約関数と GROUP BY に対する理解を深めていきましょう。

7-2-1 代表的な集約関数

前節で見てきたように、データの集約を行う働きを持つ関数が**集約関数**です。代表的な集約関数を表7-1にまとめます。

▶**表7-1** 代表的な集約関数

関数	解説
COUNT(expression)	件数を求めます
MAX(expression)	最大値を求めます
MIN(expression)	最小値を求めます
AVG(expression)	平均値を求めます
SUM(expression)	合計を求めます

各関数の引数を expression としています。expression とは**式**のことで、文脈によりさまざまな意味を持ちますが、たとえば値や列、SELECT文の結果などを指します。本節では集約関数の引数として**列**を指定する例を紹介するので、単に引数に列を指定できるという理解で構いません。

集約関数のうち、最も使用頻度が高いといってもよい関数が COUNT( ) です。COUNT( ) は行の件数を取得する関数です。

▶**リスト7-13** book テーブルの件数を取得

```
SELECT COUNT(isbn)
  FROM book;
```

実行結果は以下のとおりです。

▶リスト7-14 bookテーブルの件数を取得（実行結果）

```
count
-------
  5664
```

この「5664」という数値が、bookテーブルに含まれる行の件数です。

続いて、COUNT( )関数とGROUP BY句を組み合わせて利用します。bookテーブルのis_stock列は、在庫の有無をTRUEまたはFALSEで記録した列です。

在庫の有無**ごとに**行の件数を調べたい場合、GROUP BYにis_stockを指定した上で、COUNT( )を使用します。

▶リスト7-15 在庫の有無ごとの件数を取得

```
SELECT COUNT(isbn),
       is_stock
  FROM book
 GROUP BY is_stock
 ORDER BY is_stock DESC;
```

実行結果は以下のとおりです。

▶リスト7-16 在庫の有無ごとの件数を取得（実行結果）

```
count | is_stock
-------+----------
 2215 | t
 3449 | f
```

在庫ありの行が「2215」、在庫なしの行が「3449」という結果が得られました。両者の合計は「5664」ですから、リスト7-14で得たテーブル全体の件数全体と一致することがわかります。

COUNT( )の引数には * を指定できます。* を指定した場合とそのほかの場合では、動作が異なります。* の場合、純粋に行の件数を数えます。列を指定した場合、**NULLではない行の件数を数えます**。isbnのようにNULLを含まない列の場合、COUNT(*)とCOUNT(isbn)の件数は一致します。

続いて、MAX( )関数、MIN( )関数、AVG( )関数の使用例を以下に示します。

▶リスト7-17 MAX()、MIN()、AVG()

```
SELECT sub_genre_id,
       MAX(price) AS most_expensive,
       MIN(price) AS cheapest,
       AVG(price) AS average
  FROM book
 GROUP BY sub_genre_id
 ORDER BY sub_genre_id
 LIMIT 5;
```

実行結果は以下のとおりです。

▶リスト7-18 MAX()、MIN()、AVG()（実行結果）

```
 sub_genre_id | most_expensive | cheapest |        average
--------------+----------------+----------+------------------------
 0101         |           4800 |      680 | 1675.7393939393939394
 0102         |           3600 |     1280 | 2033.8888888888888889
 0103         |           6800 |      857 | 2358.7638888888888889
 0104         |           3500 |      680 | 1727.7051671732522796
 0105         |           2980 |      680 | 1601.9397590361445783
```

sub_genre_idごとに、価格の最大値、最小値、平均値が求められました。なお、価格の平均値であるaverageは、浮動小数点型で結果が得られています。大まかに数値を把握したい場合、桁の丸めを行います。

▶リスト7-19 AVG()を引数にとる ROUND()

```
SELECT sub_genre_id,
       ROUND(AVG(price), 1) AS average
  FROM book
 GROUP BY sub_genre_id
 ORDER BY sub_genre_id
 LIMIT 5;
```

関数は、関数（の戻り値）を引数にとることもできます。第6章で登場したROUND()は四捨五入を行う関数でした。ここではROUND()の引数にAVG(price)を指定しています。これで、価格の平均値の値がそれぞれ四捨五入されます。実行結果は以下のとおりです。

▶リスト7-20 AVG()を引数にとる ROUND()（実行結果）

```
 sub_genre_id | average
--------------+---------
 0101         |  1675.7
 0102         |  2033.9
 0103         |  2358.8
 0104         |  1727.7
 0105         |  1601.9
```

ここまで、集約関数を数値データ型の列に対して適用しましたが、集約関数は日付／時刻型の列に対しても適用できます。

▶リスト7-21 最も古い発行日を調べる

```
SELECT MIN(published_at) AS oldest
  FROM book;
```

実行結果は以下のとおりです。

▶リスト7-22 最も古い発行日を調べる（実行結果）

```
   oldest
------------
 1991-02-25
```

7-2-2 代表的な統計関数

集約関数のうち、特に**統計処理**に区分される処理を行う関数を**統計関数**として、代表的なものを下記の表7-2にまとめます。

▶表7-2 代表的な統計関数

関数	解説
CORR(Y, X)	相関係数
COVAR_POP(X, Y)	母共分散
COVAR_SAMP(X, Y)	標本共分散
STDDEV(x)	標本標準偏差
STDDEV_POP(x)	母標準偏差
VARIANCE(x)	標本分散
VARIANCE_POP(x)	母分散

統計関数のうち、標本標準偏差と標本分散を求める関数の使用例を以下に示します。

▶リスト7-23 統計関数の使用例

```
SELECT STDDEV(price) AS stddev,
       VARIANCE(price) AS variance
  FROM book;
```

実行結果は以下のとおりです。

▶リスト7-24 統計関数の使用例（実行結果）

```
       stddev        |      variance
---------------------+---------------------
 721.642196282683    | 520767.459455694662
```

　標本標準偏差と標本分散が得られました。データベースを統計処理に使いたい方はこれらの関数を覚えておくとよいでしょう。

本節では、集約関数の使い方について学びました。集約関数は単体でも使用できますが、GROUP BYと組み合わせることで、グループごとの集約結果を得られます。集約関数とGROUP BYの組み合わせは頻出ですので、両者の関係性をよく理解しておいてください。次節では、集約結果に対して絞り込みを行うHAVING句の解説を行います。

7-3 HAVING句を使って データを絞り込む

前節では、データの集約を行う集約関数と集約をグループごとに行うGROUP BYについての解説を行いました。本節では、データの集約結果に対して絞り込みを行うHAVING句について解説します。

7-3-1 HAVING句

HAVING句は、データの集約結果に対して、特定の条件で絞り込みを行う句です。特定の条件でデータの絞り込みを行うといえば、第3章で学んだWHERE句の働きです。WHERE句とHAVING句の違いは、絞り込みをデータの集約前に行うか、集約後に行うかにあります。

以下のSQLは、`sub_genre_id`ごとに価格の最大値を求めるSELECT文です。HAVING句はまだ使用していません。

▶ **リスト7-25** サブジャンルごとの価格の最大値

```
SELECT sub_genre_id,
       MAX(price) AS most_expensive
  FROM book
 GROUP BY sub_genre_id
 ORDER BY sub_genre_id
 LIMIT 5;
```

実行結果は以下のとおりです。

▶ **リスト7-26** サブジャンルごとの価格の最大値（実行結果）

```
sub_genre_id | most_expensive
-------------+----------------
0101         |           4800
0102         |           3600
0103         |           6800
0104         |           3500
0105         |           2980
```

それではHAVINGを句を使用します。リスト7-25で使用したSELECT文を変更し、HAVING句を加えます。

▶**リスト7-27** HAVING句の例

```
SELECT sub_genre_id,
       MAX(price) AS most_expensive
  FROM book
 GROUP BY sub_genre_id
HAVING MAX(price) > 6000
 ORDER BY sub_genre_id;
```

実行結果は以下のとおりです。

▶**リスト7-28** HAVING句 の例（実行結果）

```
 sub_genre_id | most_expensive
--------------+----------------
 0103         |           6800
 0301         |          10000
 1305         |           7300
```

リスト7-27のうち、`HAVING MAX(price) > 6000`の箇所に着目します。`HAVING`に続けて、比較演算子「>」を用いた条件の指定を行っています。WHERE句と似ていますが、違いは集約関数`MAX(price)`に対して条件を指定している点です。

結果的に、「サブジャンルごとに価格の最大値を求め、最大値が6000より大きい行を抽出」という処理が行えました。このように、HAVING句を用いて集約後データに対して絞り込みを行えます。

7-3-2 WHERE句とHAVING句

WHERE句とHAVING句には「絞り込みをデータの集約前に行うか、集約後に行うか」という違いがあるとすでに述べました。このことを確認します。

以下のSQLは、サブジャンルごとに価格の平均値を求め、HAVING句を用いて平均値が2800より大きい行を抽出するSELECT文です。

▶**リスト7-29** サブジャンルごとの価格の平均値を求めHAVING句で絞り込み

```
SELECT sub_genre_id,
       ROUND(AVG(price), 1) AS average
  FROM book
 GROUP BY sub_genre_id
HAVING AVG(price) > 2800
 ORDER BY sub_genre_id;
```

実行結果は以下のとおりです。

▶リスト7-30 サブジャンルごとの価格の平均値を求めHAVING句で絞り込み（実行結果）

```
sub_genre_id | average
-------------+---------
0203         | 2932.2
0605         | 2870.3
0607         | 2824.4
0709         | 2934.0
0804         | 3016.7
```

平均値が2800より大きい行が抽出できました。今度はリスト7-29にWHERE句を加えたSELECT文を以下に示します。

▶リスト7-31 HAVING句とWHERE句の組み合わせ

```
SELECT sub_genre_id,
       ROUND(AVG(price), 1) AS average
  FROM book
 WHERE sub_genre_id = '0203'
    OR sub_genre_id = '0605'
    OR sub_genre_id = '0607'
 GROUP BY sub_genre_id
HAVING AVG(price) > 2850
 ORDER BY sub_genre_id;
```

WHERE句に、サブジャンルIDが「0203」または「0605」または「0607」である、という条件を指定しました。実行結果は以下のとおりです。

▶リスト7-32 HAVING句とWHERE句の組み合わせ（実行結果）

```
sub_genre_id | average
-------------+---------
0203         | 2932.2
0605         | 2870.3
```

指定したサブジャンルIDのうち、「0607」の価格の平均値は2824.4です。HAVING句で指定した条件 AVG(price) > 2850 を下回っているので、「0607」は結果から除かれています。

しかしこれだけでは、「絞り込みをデータの集約前に行うか、集約後に行うか」を確認したことにはなりません。そこで、WHERE句に対してさらに条件を加えます。

▶ **リスト7-33** HAVING句とWHERE句の組み合わせ その2

```
SELECT sub_genre_id,
       ROUND(AVG(price), 1) AS average
  FROM book
 WHERE price > 2000
   AND (sub_genre_id = '0203'
    OR sub_genre_id = '0605'
    OR sub_genre_id = '0607')
 GROUP BY sub_genre_id
HAVING AVG(price) > 2850
 ORDER BY sub_genre_id;
```

WHERE句に「価格が2,000円より高い」という条件が加わりました。`AND`と`OR`を併用しているので、括弧を指定している点に注意します。少しWHERE句の条件が複雑になりましたが、ここまで学習してきた読者であれば問題なく使いこなせるでしょう。実行結果は以下のとおりです。

▶ **リスト7-34** HAVING句とWHERE句の組み合わせ その2（実行結果）

```
 sub_genre_id | average
--------------+----------
 0203         | 2999.0
 0605         | 2993.3
 0607         | 3031.4
```

リスト7-32と比較すると、結果が異なっていることがわかります。全体的に平均値が高くなりました。これは、WHERE句によって集約対象になる価格が絞り込まれたためです。このことから、WHERE句によって絞り込みが行われた後に、HAVING句の絞り込みが行われているということがわかります。

本節では、集約後のデータに対する絞り込みを行う **HAVING句** について学びました。**WHERE句** との違いについて把握した上で、さまざまな絞り込みを試してみてください。

Chapter 8

テーブルの結合

本章では、テーブルの結合について解説します。テーブルの結合とは、複数のテーブルを特定の列で関連付けて一度に利用することを指します。テーブルの結合にはLEFT JOIN句やINNER JOIN句などのJOINを利用します。JOINの概念を説明した上で、いくつか存在するJOINの動作について解説します。

8-1 JOINを使った テーブル結合の基本

複数のテーブルを結合するために利用するJOINという構文があります。JOINには、内部結合や外部結合といった結合方式が存在します。本節では具体的な機能の解説に入る前に、JOINとは何か、なぜJOINが必要なのかについて解説します。

8-1-1 JOINとは

これまでSQL学習のためにbookテーブルを利用してきました。前章でも登場しましたが、bookテーブルの中にsub_genre_idという列が存在します。

▶リスト8-1 bookテーブルのsub_genre_idを確認

```
SELECT isbn,
       sub_genre_id
  FROM book
 ORDER BY published_at DESC
 LIMIT 5;
```

実行結果は以下のとおりです。

▶リスト8-2 bookテーブルのsub_genre_idを確認（実行結果）

```
     isbn      | sub_genre_id
---------------+--------------
 9784774191690 | 1008
 9784774191119 | 0403
 9784774190860 | 0604
 9784774190624 | 1302
 9784774190570 | 0104
```

サブジャンルIDは、「1008」や「0403」など4桁のコードで構成されています。ですが、bookテーブルからでは、「1008」がどんなサブジャンルを意味するコードなのかといった情報を入手できません。

サブジャンルの詳細な情報は、sub_genreテーブルに保存されています。sub_genreテーブルの定義をコマンド\d sub_genreで確認します。

sub_genreテーブルの定義

```
           Table "public.sub_genre"
   Column   |             Type             | Modifiers
------------+------------------------------+-----------
 id         | character(4)                 | not null
 genre_id   | character(2)                 | not null
 name       | character varying(191)       | not null
 created_at | timestamp without time zone  | not null
 updated_at | timestamp without time zone  | not null
```

sub_genreテーブルのデータを取得します。

▶リスト8-4 sub_genreテーブルの行を取得

```sql
SELECT id,
       name
  FROM sub_genre
 ORDER BY id ASC
 LIMIT 7;
```

実行結果は以下のとおりです。

▶リスト8-5 sub_genreテーブルの行を取得（実行結果）

```
  id  |             name
------+-------------------------------
 0101 | Windows
 0102 | Mac
 0103 | Access
 0104 | Excel
 0105 | Word
 0106 | PowerPoint
 0107 | その他Officeアプリ・一太郎など
```

　sub_genreテーブルのid列の値がサブジャンルIDです。IDだけではなく名称が付与されており、サブジャンルID「0101」は、「Windows」について取り扱っているサブジャンルであることがわかります。

　sub_genreテーブルのid列は、これまで扱ってきたbookテーブルのsub_genre_id列と関連しています。**2つのテーブルが共通して持つ列の情報を基準に、テーブルを結合する**のがJOINの働きです。ここでは、bookテーブルとsub_genreテーブルに共通するサブジャンルIDの情報を基準に2つのテーブルを結合します。JOINの1つである**LEFT JOIN句**を用いたSELECT文を以下に示します。

▶リスト8-6 bookテーブルとsub_genreテーブルを結合

```sql
SELECT book.title,
       book.sub_genre_id,
       sub_genre.name
  FROM book
  LEFT OUTER JOIN sub_genre
    ON book.sub_genre_id = sub_genre.id
 ORDER BY book.published_at
 LIMIT 5;
```

　まず、FROM bookと指定し、bookテーブルから行を取得しようとしています。LEFT OUTER JOIN sub_genreが、**どのテーブルを結合するか**という指示を行っている箇所です。sub_genreテーブルを結合しています。ON book.sub_genre_id = sub_genre.idは**結合条件**です。結合条件とは、**どの列の値をもとにしてテーブルを結合するか**という指示のことです。bookテーブルのsub_genre_id列とsub_genreテーブルのid列を指定しています。実行結果は以下のとおりです。

▶リスト8-7 bookテーブルとsub_genreテーブルを結合（実行結果）

```
               title               |sub_genre_id|               name
-----------------------------------+------------+------------------------------------
C言語による最新アルゴリズム事典        |0601        |C・C++
Numerical Recipes in C 日本語版       |0601        |C・C++
すぐわかるC/C++                       |0601        |C・C++
Cプログラミング専門課程               |0601        |C・C++
実用入門 ディジタル回路とVerilog HDL  |1303        |電気・通信・電子・機械・工業・製造業
```

　bookテーブルはサブジャンルIDの情報を持ちますが、サブジャンルIDの名称は持っていません。サブジャンルIDの名称を持っているのは、sub_genreテーブルです。一方、sub_genreテーブルは書籍のタイトルやISBNコードの情報を持っていません。2つのテーブルを結合することで、書籍のタイトルと書籍のサブジャンルID、そしてサブジャンルの名称が一度に取得できました。これがJOINの働きです。

　JOINのイメージ図を下記図8-1に示します。

▶図8-1 LEFT OUTER JOINのイメージ

book テーブル

title	sub_genre_id
C言語による最新アルゴリズム事典	0601
Numerical Recipes in C 日本語版	0601
すぐわかるC/C++	0601
C プログラミング専門課程	0601
実用入門 ディジタル回路と Verilog HDL	1303

sub_genre テーブル

id	name
0101	Windows
0102	Mac
……	……
0601	C・C++
……	……
1303	電気・通信・電子・機械・工業・製造業

LEFT OUTER JOIN 結果

title	sub_genre_id	sub_genre_name
C言語による最新アルゴリズム事典	0601	C・C++
Numerical Recipes in C 日本語版	0601	C・C++
すぐわかる C/C++	0601	C・C++
C プログラミング専門課程	0601	C・C++
実用入門 ディジタル回路と Verilog HDL	1303	電気・通信・電子・機械・工業・製造業

2つのテーブルを **sub_genre_id** の値をもとにして結合し、結果を取得するというイメージが付くでしょうか。**LEFT OUTER JOIN** を含む、JOIN句の詳しい説明は次節で行いますので、ここでは図のイメージを持っておいてください。

8-1-2 テーブルの正規化

JOINを使って2つのテーブルを結合する例を示しました。しかし、そもそも **book** テーブルがサブジャンルIDとともにサブジャンルの名称を保持していれば、テーブル結合することなく必要な情報を取得できたのではないでしょうか。なぜ、わざわざ **sub_genre** テーブルが独立して作成されたのでしょうか。このことは、データベース設計における<u>正規化</u>と関係します。本書では、データベースの設計についての詳細な話題には踏み込みませんが、正規化とはどのようなことなのか、なぜ正規化が必要なのについて実用面からのみ簡単に解説を行います。

まず、**book** テーブルがサブジャンルの名称を保持する場合を考えてみましょう。その場合JOINは必要なく、基本的なSELECT文で情報を取得できます。

▶リスト8-8 bookテーブルがサブジャンルの名称を保持していた場合の名称取得SQL

```
SELECT title,
       sub_genre_id,
       sub_genre_name
  FROM book
```

SELECT文のことだけを考えれば、sub_genreテーブルを独立させないほうがよいように見えます。しかしこの方法では、データ管理や更新の観点から不都合が生じます。sub_genreテーブルによると、サブジャンルID「0307」の名称は、「LINE・Facebook・Twitterなど」です。

▶リスト8-9 サブジャンルID 0307の名称取得

```
SELECT id,
       name
  FROM sub_genre
 WHERE id = '0307';
```

実行結果は以下のとおりです。

▶リスト8-10 サブジャンルID 0307の名称取得（実行結果）

```
 id  |          name
------+---------------------------
 0307 | LINE・Facebook・Twitterなど
```

bookテーブルから、サブジャンルID「0307」を持つ書籍がどの程度存在するのかを調べます。

▶リスト8-11 サブジャンルID 0307の件数を取得

```
SELECT COUNT(isbn)
  FROM book
 WHERE sub_genre_id = '0307';
```

実行結果は以下のとおりです。

▶リスト8-12 サブジャンルID 0307の件数を取得（実行結果）

```
 count
-------
    96
```

96件という結果が得られました。

ここで、サブジャンルIDの名称を変更する必要が生じた場合を想定します。「LINE・Facebook・Twitterなど」という名称を「LINE・Facebook・Twitter・Instagramな

ど」に変更したい場合、どのようにすればよいでしょうか。

　ここまでSQLを学んできた読者であれば、UPDATE文を使用してデータを更新すればよいことがわかるでしょう。テーブルを正規化している場合としていない場合とで、データの更新にどのような違いが生じるでしょうか。更新対象テーブルと更新対象件数という観点で、両者の比較を下記の表8-1にまとめます。

▶ **表8-1**　正規化有無によるデータ更新の違い

--	正規化している場合	正規化していない場合
更新対象テーブル	sub_genre	book
更新対象件数	1件	96件

　正規化している場合（sub_genreテーブルが存在する場合）、あるサブジャンルIDの名称を変更したい場合はsub_genreテーブル中の1件の行を更新します。一方、正規化していない場合（sub_genreテーブルが存在しない場合）、更新処理はbookテーブルに対して行う必要があり、対象件数は96件に及びます。正規化していない場合、**データを重複して保持している**ということがいえます。サブジャンルIDとサブジャンル名称は1対1の関係で、サブジャンルIDが決まればサブジャンル名称が確定します。正規化している場合、sub_genreテーブルの1行を更新するだけで済みます。データが重複していないということは、データ容量を節約できるということも意味します。

　正規化には、データ管理という観点でもメリットがあります。第11章で解説する内容ですが、テーブル作成時に列に対して外部キーを指定することで、**別テーブルの列に含まれる値のみ登録できる**という制約を設けられます。外部キーにより存在しない値や誤った値などが混入されることを防ぐことができます。外部キー制約の働きについて少し先取りして確認してみましょう。

▶ **リスト8-13**　存在しないsub_genre_idを登録

```
INSERT INTO book (isbn, title, sub_genre_id, price, url, published_at, created_at,
        updated_at)
VALUES ('0', '書籍名', '9999', 1000, '-', '2020-07-07', NOW(), NOW());
```

　sub_genre_idに「9999」という値を指定しています。実行の結果、以下のエラーが発生します。

▶ **リスト8-14**　存在しないsub_genre_idを登録（実行結果）

```
ERROR:  insert or update on table "book" violates foreign key constraint "book_sub_
genre_id_fkey"
DETAIL:  Key (sub_genre_id)=(9999) is not present in table "sub_genre".
```

　サブジャンルID「9999」が、sub_genreテーブルに含まれないことを示すエラーで

す。テーブルを正規化していない場合には得られないメリットです。

本節では、サブジャンルの名称を得る目的でJOINを使用する例を紹介しました。また、そもそもなぜテーブルを正規化するのかという点を解説しました。正規化の有無はデータベースの設計者に委ねられます。大容量のデータを扱う際に、パフォーマンスの観点からあえて正規化しないという選択をする場合もありますが、データ管理のしやすさの観点から正規化を採用するケースは少なくありません。JOINの活用場面の1つは、正規化されたテーブル群を取りまとめて情報を取得することにあることを把握しておきましょう。

8-2
外部結合（OUTER JOIN）

JOINの役割がわかったところで、本節ではテーブル結合方法の1つ外部結合（OUTER JOIN）について解説します。外部結合はこの次のセクションで紹介する内部結合と並び、非常によく使われる結合方法です。

8-2-1 外部結合の基本

前節では **LEFT OUTER JOIN句** を用いてテーブルを結合しました。

▶**リスト8-15** LEFT OUTER JOINを使った外部結合の例

```
SELECT book.title,
       book.sub_genre_id,
       sub_genre.name
  FROM book
  LEFT OUTER JOIN sub_genre -- JOIN句
    ON book.sub_genre_id = sub_genre.id -- ON句（結合条件）
 ORDER BY book.published_at ASC
 LIMIT 5;
```

　JOIN句を伴うSELECT文では、SELECT句で**book.title**のようにテーブル名と列名をドット（.）でつなげて記述します。ON句においても、同様にテーブル名と列名を併記します。テーブル名を省略すると、結合するテーブルに同名の列が存在した場合エラーとなります。テーブル名の指定が省略できない例を紹介します。**book**テーブルと**genre_id**テーブルには、どちらにも**created_at**という列が存在します。2つのテーブルをJOINするとき、SELECT句に**created_at**列をテーブル名の指定なしに記述してみます。

```
SELECT title,
       name,
       created_at
  FROM book
  LEFT OUTER JOIN sub_genre
    ON book.sub_genre_id = sub_genre.id
 ORDER BY book.published_at ASC
 LIMIT 5;
```

実行の結果、以下のエラーが発生します。

▶**リスト8-17** テーブル名を指定せずに列を指定（実行結果）

```
ERROR:  column reference "created_at" is ambiguous
```

　結合対象のテーブルに同名の列名が存在しない場合、テーブル名の指定は省略可能です。本書ではどちらのテーブルから取得しているかを明確にするために、テーブル名は常に指定するようにします。わかりやすい反面SQLの記述量が増えますが、このときに利用できるのがエイリアスです。

▶**リスト8-18** テーブル名のエイリアスを利用して列を指定

```
SELECT b.title, -- book テーブルのエイリアス b を付与した列名
       b.sub_genre_id,
       s.name AS sub_genre_name -- 列にわかりやすいエイリアスを付与
  FROM book AS b -- テーブルにエイリアスを付与
  LEFT JOIN sub_genre AS s -- テーブルにエイリアスを付与
    ON b.sub_genre_id = s.id
 ORDER BY b.published_at ASC
 LIMIT 5;
```

　FROM book AS bと記述し、bookテーブルのエイリアスをbとしました。エイリアスは、SELECT句や、JOIN句の結合条件の中で利用できます。LEFT JOIN sub_genre AS sと記述し、sub_genreテーブルのエイリアスをsとしました。エイリアス名は任意ですが、元のテーブル名よりも短く、かつ元のテーブル名を連想できる命名を行うのが妥当です。本書では、原則としてテーブルの頭文字を採用してエイリアスにします。SELECT句に指定する列にも、よりわかりやすい名称をエイリアスで指定してもよいでしょう。

　また、LEFT OUTER JOINはLEFT JOINと省略できます。以後、LEFT JOINという省略系を採用します。

ASについても省略が可能で以下のように記述できます。ASの省略は一般的に行われますが、本書ではASは省略せず明示します。

▶リスト8-19 LEFT JOINの例（ASの省略）

```
SELECT b.title,
       b.sub_genre_id,
       s.name sub_genre_name --（AS省略）
  FROM book b -- テーブルにエイリアスを付与（AS省略）
  LEFT JOIN sub_genre s -- テーブルにエイリアスを付与（AS省略）
    ON b.sub_genre_id = s.id
 ORDER BY b.published_at ASC
 LIMIT 5;
```

次に、bookテーブルとratingテーブルの結合を行います。ratingテーブルは書籍に対する評価値が登録されたテーブルです。たとえば、ISBNコードごとのスコアの平均値を取得する場合、以下のSELECT文が利用できます。

▶リスト8-20 ISBNコードごとの平均スコアを取得

```
SELECT isbn,
       ROUND(AVG(score), 2) AS average
  FROM rating
 GROUP BY isbn
 ORDER BY isbn ASC
 LIMIT 5;
```

実行結果は以下のとおりです。

▶リスト8-21 ISBNコードごとの平均スコアを取得（実行結果）

```
    isbn    | average
------------+---------
 4774100684 |    4.00
 4774100900 |    4.60
 4774104329 |    3.85
 4774104671 |    4.07
 4774105082 |    3.90
```

ISBNコードと、スコアの平均値が取得できました。

書籍のタイトルをあわせて取得したい場合、ratingテーブルは書籍のタイトルに関する情報を持たないため、bookテーブルと結合する必要が生じます。ここでJOINの出番です。

▶リスト8-22 bookとratingの集約結果をLEFT JOIN

```
SELECT b.isbn,
       b.title,
       ROUND(AVG(score), 2) AS average
  FROM book AS b
  LEFT JOIN rating AS r
 USING (isbn) -- b.isbn = r.isbn の省略系
 GROUP BY b.isbn
 ORDER BY b.isbn ASC
 LIMIT 5;
```

リスト8-22ではUSING句を利用しています。USING句は、ON句で指定する結合条件が同名のカラム名になる場合、**USING([カラム名])**のように記述できます。実行結果は以下のとおりです。

▶リスト8-23 bookとratingの集約結果をLEFT JOIN(実行結果)

```
   isbn    |                title                | average
-----------+-------------------------------------+---------
4774100684 | すぐわかるC/C++                      |    4.00
4774100900 | Cプログラミング専門課程               |    4.60
4774103217 | 実用入門 ディジタル回路とVerilog HDL |
4774104329 | 新ANSI C言語辞典                     |    3.85
4774104671 | かんたん図解Office97                 |    4.07
```

テーブルを結合したことで、書籍のタイトルを取得できました。このリスト8-23には、average列に値が入っていない行があります。これは、**結合条件**を満たす行が存在しなかったためです。

リスト8-22で行った外部結合を図説したものを図8-2に示します。

▶図8-2 リスト8-23の外部結合のイメージ

book テーブル

title	isbn
すぐわかる C/C++	4774100684
C プログラミング専門課程	4774100900
実用入門 ディジタル回路とVerilog HDL	4774103217
新 ANSI C 言語辞典	4774104329
かんたん図解 Office97	4774104671

rating テーブル（score の平均値を集約後）

isbn	AVG(score)
4774100684	4.00
4774100900	4.60
4774104329	3.85
4774104671	4.07
……	……

LEFT JOIN 結果

isbn	title	score
4774100684	すぐわかる C/C++	4.00
4774100900	C プログラミング専門課程	4.60
4774103217	実用入門 ディジタル回路とVerilog HDL	
4774104329	新 ANSI C 言語辞典	3.85
4774104671	かんたん図解 Office97	4.07

一致する条件がなかったため、NULL

8-2-2 外部結合の種類

はじめにLEFT JOIN（LEFT OUTER JOIN）を使ったテーブル結合を解説しました。外部結合には、LEFT OUTER JOIN、RIGHT OUTER JOIN、FULL OUTER JOINの3つの種類があります。

先ほどはLEFT OUTER JOINを使用したので、次にRIGHT OUTER JOINを使用します。リスト8-22で使用したSELECT文のLEFT JOINをRIGHT JOINに書き換えてみます。LEFT OUTER JOIN同様、RIGHT OUTER JOINもRIGHT JOINと省略できます。

▶リスト8-24 bookとratingをRIGHT JOIN

```
SELECT b.isbn,
       b.title,
       ROUND(AVG(score), 2) AS average
  FROM book AS b
 RIGHT JOIN rating AS r -- RIGHT OUTER JOIN を使用
 USING (isbn)
 GROUP BY b.isbn
 ORDER BY b.isbn ASC
 LIMIT 5;
```

実行結果は以下のとおりです。

▶リスト8-25 bookとratingをRIGHT JOIN（実行結果）

```
    isbn    |                title                 | average
------------+--------------------------------------+---------
 4774100684 | すぐわかるC/C++                       |    4.00
 4774100900 | Cプログラミング専門課程              |    4.60
 4774104329 | 新ANSI C言語辞典                     |    3.85
 4774104671 | かんたん図解Office97                  |    4.07
 4774105082 | UNIXコマンドポケットリファレンス     |    3.90
```

リスト8-23と比較すると、結果が異なります。ISBNコード「4774103217」に該当する行が取得結果に含まれていません。ISBNコード「4774103217」は、averageの値が得られなかった書籍でした。LEFT JOINとRIGHT JOINの違いについて説明する前に、もう1つの外部結合、FULL OUTER JOINを使用してみます。FULL OUTER JOINもFULL JOINと省略可能です。

▶リスト8-26 bookとratingをFULL JOIN

```
SELECT b.isbn,
       b.title,
       ROUND(AVG(score), 2) AS average
  FROM book AS b
  FULL JOIN rating AS r -- FULL OUTER JOIN を使用
  USING (isbn)
 GROUP BY b.isbn
 ORDER BY b.isbn ASC
 LIMIT 5;
```

実行結果は以下のとおりです。

▶リスト8-27 bookとratingをFULL JOIN（実行結果）

```
    isbn    |              title              | average
------------+---------------------------------+---------
 4774100684 | すぐわかるC/C++                  |    4.00
 4774100900 | Cプログラミング専門課程         |    4.60
 4774103217 | 実用入門 ディジタル回路とVerilog HDL |
 4774104329 | 新ANSI C言語辞典                |    3.85
 4774104671 | かんたん図解Office97            |    4.07
```

FULL JOINの結果にも、averageの値が入っていない行が含まれています。各々の外部結合での結果の違いは**どちらのテーブルが基準になったか**によって生じています。

8-2-3 結合条件と基準テーブル

前節で触れた**結合条件**をおさらいします。**結合条件**とは、テーブルを結合する際の条件で、ON句を利用して指定します。リスト8-18のON b.sub_genre_id = s.idが該当します。ON b.sub_genre_id = s.idは「bookテーブルのid列の値とsub_genre_idのid列が一致する行を外部結合する」という結合条件を指定したことになります。

一方、リスト8-22では、USING (isbn)が結合条件です。**USING**はONの省略記法で、USING(isbn)は、ON b.isbn = r.isbnと同じ意味です。結合対象のテーブルが共通の列名を持つ場合に利用できます。

それでは、外部結合の具体的な動きについて見ていきましょう。あえて、一致することのない結合条件を指定します。

```
SELECT b.isbn,
       b.title,
       ROUND(AVG(score), 2) AS average
  FROM book AS b
  LEFT JOIN rating AS r
    ON b.title = r.isbn
 GROUP BY b.isbn
 ORDER BY b.isbn ASC
 LIMIT 5;
```

ON句を**b.title = s.id**としています。実行結果は以下のとおりです。

▶ **リスト8-29** 一致しない結合条件を指定（実行結果）

```
   isbn     |             title            | average
-------------+------------------------------+---------
4774100684 | すぐわかるC/C++               |
4774100900 | Cプログラミング専門課程       |
4774103217 | 実用入門 ディジタル回路とVerilog HDL |
4774104329 | 新ANSI C言語辞典             |
4774104671 | かんたん図解Office97          |
```

　書籍のタイトルとサブジャンルIDでは一致するデータがありません。その結果、average列の値、スコアの平均値が取得できていないことがわかります。ただしその場合でも、bookテーブルの**title**列と**sub_genre_id**列は取得できていることがわかります。

　外部結合の場合、結合条件に一致しない場合でも**基準になったテーブルの行は取得される**という動作をします。本書では基準になるテーブルのことを**基準テーブル**と呼称します。基準テーブルはFROM句とJOIN句のどちらでテーブルを指定したか、および使用したJOIN句の種類により決定します。その組み合わせを下記表8-2にまとめます。

▶ **表8-2** 基準テーブルの決定方法（2テーブルの場合）

JOIN の方法	基準テーブル
FROM t1 LEFT JOIN t2	t1
FROM t1 RIHGT JOIN t2	t2
FROM t2 LEFT JOIN t1	t2
FROM t2 FULL JOIN t1	t1, t2

　リスト8-22のSELECT文では、FROM句に**book**テーブルが、JOIN句に**rating**テーブルが指定され、**LEFT JOIN**が使用されています。したがって、基準テーブルは**book**になります。このため、**book**テーブルの行は結合できなかった行も含めて結果に含まれます。

一方リスト8-24でも、FROM句にbookテーブルが、JOIN句にratingテーブルが指定されています。ここまでは同じですが、こちらではRIGHT JOINが指定されました。したがって基準テーブルはratingになります。ratingテーブルには、ISBNコード「4774103217」の行は存在しません。したがって結果にも含まれません。

　なお、ON句に指定する条件はON b.sub_genre_id = s.idでもON s.id = b.sub_genre_idでも等価であることに注意します。この記述順序は基準テーブルの採用に影響を与えません。

　もう1つの外部結合であるFULL JOINは、結合対象の両方が基準テーブル扱いになります。以下は、FULL JOINの動作を確認するために一致することのない結合条件を指定したSELECT文です。

▶**リスト8-30** 一致しない結合条件を指定したFULL JOIN

```
SELECT g.id AS genre_id,
       s.id AS sub_genre_id
  FROM genre g
  FULL JOIN sub_genre s ON g.id = s.id -- この条件では 1行も一致しない
 ORDER BY g.id ASC, s.id ASC
 LIMIT 6
OFFSET 9;
```

　実行結果は以下のとおりです。

▶**リスト8-31** 一致しない結合条件を指定したFULL JOIN（実行結果）

```
 genre_id | sub_genre_id
----------+--------------
 10       |
 11       |
 13       |
          | 0101
          | 0102
          | 0103
```

　結合条件としては一致することがないにもかかわらず、行が取得できています。リスト8-30のFULL JOINをLEFT JOINに書き換えてみます。

▶**リスト8-32** FULL JOINをLEFT JOINに変更

```
SELECT g.id AS genre_id,
       s.id AS sub_genre_id
  FROM genre g
  LEFT JOIN sub_genre s ON g.id = s.id -- この条件では 1行も一致しない
 ORDER BY g.id ASC, s.id ASC
 LIMIT 6
OFFSET 9;
```

FULL JOINをLEFT JOINに変更しました。ON g.id = s.idという条件では1行も一致しない点は同様です。実行結果は以下のとおりです。

▶ リスト8-33 FULL JOIN を LEFT JOIN に変更（実行結果）

```
genre_id | sub_genre_id
----------+--------------
   10     |
   11     |
   13     |
```

リスト8-32ではgenreテーブルが基準テーブルとなります。基準テーブルは結合条件に一致しなかった行も含めて取得されます。一方、sub_genreテーブルは基準テーブルではないので取得されません。FULL JOINでは、genreテーブルと sub_genreテーブルの両方の行が取得されています。

なお、本節では外部結合の方法を複数紹介していますが、LEFT JOIN と RIGHT JOIN はお互いを代用できます。慣例的にLEFT JOINが優先的に利用される場合が多いため、まずLEFT JOINを身に付けるとよいでしょう。FULL JOINについては紹介したものの、実際に使用される場面は多くありません。参考情報と捉えてください。

8-2-4 3つのテーブルの結合

これまで、2つのテーブルを結合するという例で解説してきました。テーブル結合は、2つ以上のテーブルに対して実行可能です。

sub_genreテーブルにgenre_idという列があったことに気付いたでしょうか。genre_idはジャンルIDを示す2桁の番号です。

▶ リスト8-34 sub_genre テーブルの確認

```
SELECT id,
       genre_id
  FROM sub_genre
 ORDER BY genre_id, id ASC
 LIMIT 5;
```

実行結果は以下のとおりです。

▶ リスト8-35 sub_genre テーブルの確認（実行結果）

```
  id  | genre_id
------+----------
 0101 | 01
 0102 | 01
 0103 | 01
 0104 | 01
 0105 | 01
```

2桁の番号であることはわかりますが、それ以上の情報は得られませんでした。ジャンルIDの詳細な情報は、genreテーブルに保存されています。

▶**リスト8-36** genreテーブルの確認

```
SELECT id,
       name
  FROM genre
 ORDER BY id
 LIMIT 5;
```

　実行結果は以下のとおりです。

▶**リスト8-37** genreテーブルの確認（実行結果）

```
 id |                     name
----+--------------------------------------------
 01 | パソコン
 02 | デザイン・素材集
 03 | Webサイト制作
 04 | スマートフォン・タブレット
 05 | プログラミング・システム開発（ハードウェア）
```

　ジャンルIDと供に**ジャンル名**が得られました。それでは、bookテーブルとsub_genreテーブル、そしてgenreテーブルを結合してみましょう。

▶**リスト8-38** 3テーブルの結合

```
SELECT b.isbn, -- book テーブルから取得
       g.name AS genre_name, -- genre テーブルから取得
       s.name AS sub_genre_name -- sub_genre テーブルから取得
  FROM book AS b
  LEFT JOIN sub_genre AS s
    ON b.sub_genre_id = s.id
  LEFT JOIN genre AS g -- 2つ目の JOIN句
    ON s.genre_id = g.id -- 2つ目の JOIN句 の結合条件
 ORDER BY b.published_at ASC
 LIMIT 5;
```

　少し長いSELECT文になりましたが、落ち着いて分解すれば問題ありません。最初に、FROM句にbookテーブルを指定しています。次にLEFT JOINでsub_genreテーブルを結合しています。このときの結合条件はb.sub_genre_id = s.idです。ここまでは今までと変わりありません。今回新しく、もう1つLEFT JOINが加わりました。LEFT JOIN genre AS gです。これでさらに、genreテーブルの結合を行っています。JOIN句は結合条件とセットで用います。2つ目のJOIN句の結合条件はON s.genre_id = g.idです。sub_genreテーブルのgenre_idの列と、genreテーブルのid列の値が一致するという条件です。実行結果は以下のとおりです。

```
   isbn     |       genre_name          |          sub_genre_name
------------+---------------------------+---------------------------------------
4874084141 | プログラミング・システム開発 | C・C++
4874085601 | プログラミング・システム開発 | C・C++
4774100684 | プログラミング・システム開発 | C・C++
4774100900 | プログラミング・システム開発 | C・C++
4774103217 | 理工・サイエンス            | 電気・通信・電子・機械・工業・製造業
```

　3つのテーブルからそれぞれ、ISBNコードとジャンル名、サブジャンル名が得られました。リスト8-38では、JOIN句を2つ記述したことで3つのテーブルの結合が行えました。JOIN句を増やすことでさらに多くのテーブルを結合できます。

8-2-5　外部結合とWHERE句

　JOINを使用したSELECT文でも、通常どおりWHERE句を利用できます。まずはWHERE句を利用しない `LEFT JOIN` で genre テーブルと sub_genre テーブルを結合します。

▶ **リスト8-40** genre テーブルと sub_genre テーブルを外部結合

```
SELECT g.id AS genre_id,
       g.name AS genre_name,
       s.id AS sub_genre_id,
       s.name AS sub_genre_name
  FROM genre AS g
  LEFT JOIN sub_genre AS s
    ON g.id = s.genre_id
 ORDER BY sub_genre_id ASC, genre_id ASC
 LIMIT 3;
```

　実行結果は以下のとおりです。

▶ **リスト8-41** genre テーブルと sub_genre テーブルを外部結合（実行結果）

```
genre_id | genre_name | sub_genre_id | sub_genre_name
---------+------------+--------------+----------------
01       | パソコン    | 0101         | Windows
01       | パソコン    | 0102         | Mac
01       | パソコン    | 0103         | Access
```

　リスト8-40にWHERE句を追加します。

▶ リスト8-42 JOIN句とWHERE句を併用

```
SELECT g.id AS genre_id,
       g.name AS genre_name,
       s.id AS sub_genre_id,
       s.name AS sub_genre_name
  FROM genre AS g
  LEFT JOIN sub_genre AS s
    ON g.id = s.genre_id
 WHERE s.id = '0101' -- WHERE句 を追加
 ORDER BY sub_genre_id ASC, genre_id ASC
 LIMIT 3;
```

実行結果は、以下のとおりです。

▶ リスト8-43 JOIN句とWHERE句を併用（実行結果）

```
genre_id | genre_name | sub_genre_id | sub_genre_name
---------+------------+--------------+----------------
01       | パソコン   | 0101         | Windows
```

リスト8-42の方法では、WHERE句による絞り込みは、**テーブル結合後**に行われます。`WHERE s.id = '0101'`によって、最終的にサブジャンルID「0101」である1行だけが取得できました。なお結果が1行ですので、ORDER BY句とLIMIT句に意味はありませんが、SELECT文を比較するためにそのまま付与しています。

WHERE句での絞り込みはテーブルを結合した後の絞り込みでしたが、**テーブル結合前**に結合するテーブルの行を絞り込むこともできます。

▶ リスト8-44 JOIN句に絞り込み条件を付与

```
SELECT g.id AS genre_id,
       g.name AS genre_name,
       s.id AS sub_genre_id,
       s.name AS sub_genre_name
  FROM genre AS g
  LEFT JOIN sub_genre AS s
    ON g.id = s.genre_id
   AND s.id = '0101' -- AND句 を追加
 ORDER BY sub_genre_id ASC, genre_id ASC
 LIMIT 3;
```

上記のリスト8-44にはWHERE句が登場しません。その代わり、ON句に続けて**AND句**が記述されています。実行結果は以下のとおりです。

▶リスト8-45 JOIN句に絞り込み条件を付与（実行結果）

```
genre_id |    genre_name    | sub_genre_id | sub_genre_name
---------+------------------+--------------+----------------
01       | パソコン          | 0101         | Windows
02       | デザイン・素材集   |              |
03       | Webサイト制作     |              |
```

　リスト8-43と結果が異なっています。WHERE句を使用した場合、SELECT文の実行の結果、1行が取得できましたが、JOIN句に絞り込み条件を追加した例では、3行（以上）取得できています。また、sub_genre_idとsub_genre_nameが取得できていない行が存在します。

　JOIN句にAND s.id = '0101'を付与したことで、テーブル結合前にsub_genreテーブルの行が絞り込まれました。sub_genreテーブルはサブジャンルID「0101」の1行のみとなり、その1行を使ってgenreテーブルに対して外部結合が行われました。結果、ON g.id = s.genre_idの条件を満たさない行が発生したため、sub_genre_id列とsub_genre_name列の値が取得できない行が存在することになりました。

　WHERE句で絞り込む方法とJOIN句に絞り込み条件を追加する方法のどちらも間違いではありません。外部結合の場合どちらを利用したかによって結果が異なりますので、意識的に使い分ける必要があります。

まとめ

本節では、テーブル結合のうち外部結合について解説し、LEFT JOIN、RIGHT JOIN、FULL JOINをそれぞれ使用しました。3つのテーブルを結合するという少し難しいSELECT文が登場しましたが、順に確認していけば基本的な処理の組み合わせに過ぎないことがわかります。LEFT JOIN以外の外部結合の方法に変更したり、SELECT句の対象にする列を変更したりして、JOINに慣れていってください。次節では、内部結合について解説します。

内部結合 (INNER JOIN)

前節では、外部結合についての解説を行いました。本節では、もう1つの結合方法、内部結合について解説します。内部結合と外部結合は、SQLの書き方は似ていますが、その結果は異なります。使い分けられるようにしっかり理解しましょう。

8-3-1 内部結合の基本

本節では**内部結合**を取り扱います。外部結合では、LEFT JOIN、RIGHT JOIN、FULL JOINという3つのJOIN句が登場しました。内部結合は、**INNER JOIN**を用いて行います。INNER JOINを使用したSELECT文を以下に示します。

▶**リスト8-46** INNER JOINを使ってbookとratingを結合

```
SELECT b.isbn,
       b.title,
       ROUND(AVG(score), 2) AS average
  FROM book AS b
 INNER JOIN rating AS r
 USING (isbn)
 GROUP BY b.isbn
 ORDER BY b.isbn ASC
 LIMIT 5;
```

構文としては外部結合とほぼ同じです。JOIN句で結合テーブルを指定し、ON句またはUSING句に結合条件を記述します。実行結果は以下のとおりです。

▶**リスト8-47** bookとratingをINNER JOIN

```
    isbn     |            title            | average
-------------+-----------------------------+---------
 4774100684  | すぐわかるC/C++              |   4.00
 4774100900  | Cプログラミング専門課程      |   4.60
 4774104329  | 新ANSI C言語辞典            |   3.85
 4774104671  | かんたん図解Office97         |   4.07
 4774105082  | UNIXコマンドポケットリファレンス |   3.90
```

bookテーブルとratingテーブルを結合できました。LEFT JOINを使用したリスト8-22と異なるのは、averageが取得できていない行が存在していない点です。結果だけ比較すると、RIGHT JOINを使用したリスト8-24と同等に見えますが、動作としては異なります。

内部結合は、**結合条件に一致した行のみ**を取得対象とする結合方法です。外部結合では、検索条件に一致しない行の場合でも、基準テーブルの行は常に取得されました。内部結合には、基準テーブルという考え方はありません。なお、INNER JOINはJOINと省略して記述できます。本書では省略せずINNER JOINと記述します。リスト8-46で行った内部結合を図説したものを図8-3に示します。

▶図8-3 リスト8-47の内部結合のイメージ

book テーブル

title	isbn
すぐわかる C/C++	4774100684
C プログラミング専門課程	4774100900
実用入門 ディジタル回路とVerilog HDL	4774103217
新 ANSI C 言語辞典	4774104329
かんたん図解 Office97	4774104671

rating テーブル（score の平均値を集約後）

isbn	AVG(score)
4774100684	4.00
4774100900	4.60
4774104329	3.85
4774104671	4.07
……	……

INNER JOIN 結果

isbn	title	score
4774100684	すぐわかる C/C++	4.00
4774100900	C プログラミング専門課程	4.60
4774104329	新 ANSI C 言語辞典	3.85
4774104671	かんたん図解 Office97	4.07

※結合条件に一致しない isbn = 4774103217 の行は結果に含まれない

　内部結合が「結合条件に一致した行のみ」を取得していることを確認してみましょう。まずはgenreテーブルとsub_genreテーブルを内部結合する例を以下に示します。

▶リスト8-48 genreテーブルとsub_genreテーブルをINNER JOIN

```
SELECT g.id AS genre_id,
       g.name AS genre_name,
       s.id AS sub_genre_id,
       s.name AS sub_genre_name
  FROM genre AS g
 INNER JOIN sub_genre AS s on g.id = s.genre_id
 ORDER BY g.id ASC, s.id ASC
 LIMIT 5;
```

実行結果は以下のとおりです。

▶リスト8-49 genreテーブルとsub_genreテーブルをINNER JOIN（実行結果）

```
genre_id | genre_name | sub_genre_id | sub_genre_name
---------+------------+--------------+---------------
01       | パソコン    | 0101         | Windows
01       | パソコン    | 0102         | Mac
01       | パソコン    | 0103         | Access
01       | パソコン    | 0104         | Excel
01       | パソコン    | 0105         | Word
```

2つのテーブルの結合が行えました。値が取得できなかった行はありません。次は、あえて一致しない結合条件を指定した内部結合を行います。

▶リスト8-50 一致しない結合条件を指定したINNER JOIN

```sql
SELECT g.id AS genre_id,
       g.name AS genre_name,
       s.id AS sub_genre_id,
       s.name AS sub_genre_name
  FROM genre AS g
 INNER JOIN sub_genre AS s on g.id = s.name -- この条件では 1行も一致しない
 ORDER BY g.id ASC, s.id ASC
 LIMIT 5;
```

実行結果は以下のとおりです。

▶リスト8-51 一致しない結合条件を指定したINSERT JOIN（実行結果）

```
genre_id | genre_name | sub_genre_id | sub_genre_name
---------+------------+--------------+---------------
```

外部結合では、どのような結合条件でも基準テーブルの行は取得できていました。内部結合では条件に一致しない行は一切取得されません。内部結合は、結合条件に一致しない行を取得する必要のないとき、あるいは取得してはいけないときに利用できます。結合条件に一致しないテーブルの行を取得したい場合には、外部結合を選択します。

8-3-2 INNER JOINを使わない内部結合

INNER JOINを使用せず、リスト8-49と同等の結果を得る方法もあります。以下に例を示します。

▶リスト8-52 INNER JOIN を使わない内部結合

```
SELECT g.id AS genre_id,
       g.name AS genre_name,
       s.id AS sub_genre_id,
       s.name AS sub_genre_name
FROM genre AS g,
     sub_genre AS s
WHERE g.id = s.genre_id
ORDER BY g.id ASC, s.id ASC
LIMIT 5;
```

これまで、FROM句には1つのテーブル名のみを指定していました。上記のように、FROM句に複数のテーブルを指定し、WHERE句で結合条件を記述することでも内部結合が行えます。実行結果は以下のとおりです。

▶リスト8-53 INNER JOIN を使わない内部結合（実行結果）

```
genre_id | genre_name | sub_genre_id | sub_genre_name
01       | パソコン    | 0101         | Windows
01       | パソコン    | 0102         | Mac
01       | パソコン    | 0103         | Access
01       | パソコン    | 0104         | Excel
01       | パソコン    | 0105         | Word
```

リスト8-52のようなWHERE句を使った内部結合の方法も誤りではありませんが、本書ではJOIN句を利用する方式を推奨します。JOIN句の場合は外部結合はLEFT（RIGHT）JOINで、内部結合はINNER JOINで行えるため、WHERE句で行える内部結合と内部結合の場合とで一貫性を持った記述を行えません。JOIN句のほうが外部結合と内部結合とで一貫性を持った記述を行えます。

8-3-3 自己内部結合

最後にSELF INNER JOINと呼ばれる方法を紹介します。SELF INNER JOINは、構文ではなくINNER JOINの利用方法の名称です。同じテーブル同士をINNER JOINで結合することから、SELF INNER JOIN（自己内部結合）と呼ばれています。

以下に、自己内部結合を利用して書籍タイトルの順列を取得するSELECT文を示します。表示の都合上、件数の少ないb1テーブルで実施します。

▶ **リスト8-54** 自己内部結合を利用した組み合わせの取得

```sql
SELECT t1.id AS id_1,
       t1.title AS title_1,
       t2.id AS id_2,
       t2.title AS title_2
  FROM b1 AS t1
 INNER JOIN b1 AS t2
    ON t1.id != t2.id
 ORDER BY t1.id ASC, t2.id ASC
 LIMIT 8;
```

　FROM句とJOIN句のどちらにも**b1**テーブルを指定しています。両者を区別するために、エイリアスをそれぞれ**t1**、**t2**としています。結合条件**ON t1.isbn != t2.isbn**に、「=」ではなく「!=」を指定していることに注目します。「=」にした場合、一致する行を結合することになりますが、もともと同じ**b1**テーブルを結合対象としているので、同一の行が結合されるだけで意味がありません。実行結果は以下のとおりです。

▶ **リスト8-55** 自己内部結合を利用した組み合わせの取得（実行結果）

```
id_1 |        title_1         | id_2 |        title_2
-----+------------------------+------+------------------------
   1 | Electronではじめるアプリ開発 |    2 | かんたん Perl
   1 | Electronではじめるアプリ開発 |    3 | 3ステップでしっかり学ぶPHP入門
   1 | Electronではじめるアプリ開発 |    4 | Pythonクローリング＆スクレイピング
   1 | Electronではじめるアプリ開発 |    5 | 改訂2版 パーフェクトRuby
   2 | かんたん Perl             |    1 | Electronではじめるアプリ開発
   2 | かんたん Perl             |    3 | 3ステップでしっかり学ぶPHP入門
   2 | かんたん Perl             |    4 | Pythonクローリング＆スクレイピング
   2 | かんたん Perl             |    5 | 改訂2版 パーフェクトRuby
```

　id「1 と 2」、「1 と 3」、「2 と 1」……というパターンが得られています。**ON s1.isbn != s2.isbn**という条件により、「1 と 1」や「2 と 2」というパターンの行はありません。

　結果として、書籍タイトル**5つの中から2つを並べる順列**を取得したことになります。

本節では、内部結合について解説しました。前節の外部結合が理解できていれば、内部結合は難しい構文ではありません。**INNER JOIN**は使用頻度の高い**JOIN**句です。外部結合との動作の違いを意識しながら利用してみてください。

Chapter 9

サブクエリ

本章では、サブクエリを扱います。サブクエリは、SELECT文を入れ子にして利用できる機能です。多段的な処理であっても、サブクエリを用いると1つのSQLとして記述をまとめられます。本章ではまずSELECT文の中でSELECT文を利用するという例から、WHERE句の条件にサブクエリを適用する例、INSERT文やUPDATE文にサブクエリを適用する方法について解説します。

9-1 サブクエリの基本

本章のはじめに、サブクエリの基本について解説します。この後発展的に学習するために必要な内容を本節で理解しておいてください。サブクエリを使うとSQL全体が長くなりがちですが、落ち着いて分解しながら読んでいきましょう。

9-1-1 サブクエリとは

サブクエリ（副問い合わせ） とは、ある**SELECT文で得られた結果**をほかのSELECT文やINSERT文、UPDATE文などで使用する構文のことを指します。

サブクエリはどのような場面で必要になるのでしょうか。たとえば、テーブルから**平均価格よりも安い書籍**を取得したいと考えた場合、どのようなSELECT文が必要になるでしょうか。まず、**平均価格**を知る必要があります。複数の数値の平均値を求めるには、第7章で登場した`AVG()`関数を用いればよいでしょう。その結果をもとにして、SELECT文の条件を指定すれば目的の行が得られます。

▶リスト9-1 平均価格よりも安い書籍を取得（サブクエリ未使用）

```
-- 平均値を求める
SELECT ROUND(AVG(price))
  FROM book;

-- 結果、1899 が得られる

-- 求めた平均値から目的の行を取得
SELECT isbn,
       title,
       price
  FROM book
 WHERE price < 1899;
```

上記のリスト9-1では、目的の行を取得するために2つのSELECT文を記述しています。サブクエリを使用すると、1つのSELECT文で目的の行を取得できます。以下は、サブクエリを使用して**平均価格よりも安い書籍**を求めるSELECT文です。

▶**リスト9-2** 平均価格よりも安い書籍を取得（サブクエリ使用）

```
SELECT isbn,
       title,
       price
  FROM book
 WHERE price < (SELECT ROUND(AVG(price)) FROM book);
```

　SELECT文の中にSELECT文が書かれていることがわかります。そして、全体として1つのSELECT文になっていることもわかります。サブクエリを使ったSQLは、このようにSQLが**入れ子**の形になります。サブクエリの詳細は本節で順に解説していきます。

9-1-2　FROM句とサブクエリ

　以下に、ごく基本的なサブクエリの使用例を示します。

▶**リスト9-3**　FROM句にサブクエリを使用

```
SELECT sub.id,
       sub.title
  FROM (SELECT 1 AS id,
               'データベースの本' AS title
       ) AS sub;
```

　これまで見てきたSELECT文と異なるのは、FROM句に続いて、括弧で囲まれたSELECT文が記述されていることです。これがサブクエリです。サブクエリを見る上で、**主-副**という関係性をつかむことが重要です。最初に登場するSELECT句やFROM句が**主**にあたり、FROM句に記述されたSELECT文が**副**にあたります。サブクエリは**副**にあたるため、サブ（副）クエリという名称が付けられています。

　サブクエリの働きを理解するには、SQLを分解することが近道です。リスト9-3から、FROM句に指定されているSELECT文だけ、つまりサブクエリの部分だけを抜きだして実行してみましょう。

▶**リスト9-4**　リスト9-3からサブクエリ部分を抽出

```
SELECT 1 AS id,
       'データベースの本' AS title;
```

　実行結果は以下のとおりです。

```
id |      title
----+-------------------
  1 | データベースの本
```

　ここで、リスト9-3の例で、全体の**副**にあたる箇所が括弧で囲まれ、括弧に対して
AS句が付与されていることに着目します。このAS句はサブクエリに対するエイリア
ス名で、**主**の部分から、このエイリアス名を利用して`sub.id`や`sub.title`のように列
を指定できます。FROM句にSELECT文を指定する場合、AS句は省略できないので、
構文として必要なものだと覚えてください。

　それでは、FROM句にサブクエリを使用したSELECT文を、今度はテーブルに対し
て実行してみましょう。サブクエリのSELECT文に`book`テーブルから`isbn`、`title`、
`price`、`sub_genre_id`を全行分取得するSELECT文を指定します。

▶リスト9-6 FROM句にサブクエリを使用 その2

```
SELECT *
  FROM (SELECT isbn,
               title,
               price,
               sub_genre_id
          FROM book) AS sub
 ORDER BY isbn
 LIMIT 5;
```

　FROM句にサブクエリを記述しており、サブクエリはFROM句で`book`テーブルを
参照しています。**主**のSELECT句では * を指定しており、サブクエリで取得した列を
すべて選択する働きをしています。実行結果は以下のとおりです。

▶リスト9-7 FROM句にサブクエリを使用 その2（実行結果）

```
    isbn    |              title               | price | sub_genre_id
------------+----------------------------------+-------+--------------
 4774100684 | すぐわかるC/C++                   |  1893 | 0601
 4774100900 | Cプログラミング専門課程          |  2524 | 0601
 4774103217 | 実用入門 ディジタル回路とVerilog HDL |  4155 | 1303
 4774104329 | 新ANSI C言語辞典                 |  2300 | 0601
 4774104671 | かんたん図解Office97             |  1380 | 0107
```

　リスト9-6は、サブクエリを利用したSELECT文として正しい構文ではありますが、
サブクエリを使用せずに取得できる内容なので実用的ではありません。そこで、`book`
テーブルの内容を取得する際に、あわせて**サブジャンルごとの平均価格を取得する**例
を考えてみます。書籍の価格が、同サブジャンルの平均価格と比較して高いか安いか
といったことを判断する情報を入手する目的です。

サブジャンルごとの平均価格は、GROUP BY句および`AVG( )`関数を使用して求められます。

▶ **リスト9-8** サブジャンルごとの平均価格を求める

```
SELECT sub_genre_id,
       ROUND(AVG(price)) AS avg_price
  FROM book GROUP BY sub_genre_id;
```

上記リスト9-8をサブクエリとし、以下のSELECT文を組み立てます。

▶ **リスト9-9** 書籍情報とサブジャンルの平均価格を取得

```
SELECT b.title,
       b.sub_genre_id,
       b.price,
       sub.avg_price
  FROM book b
  LEFT JOIN
       (SELECT sub_genre_id,
               ROUND(AVG(price)) AS avg_price
          FROM book GROUP BY sub_genre_id) AS sub
    ON b.sub_genre_id = sub.sub_genre_id
 ORDER BY b.isbn
 LIMIT 5;
```

サブクエリに加えてJOIN句が用いられています。`LEFT JOIN`に続いて、括弧で囲まれたSELECT文が記述されています。この部分がサブクエリです。サブクエリでは、サブジャンルごとの平均価格が求められています。ON句には、`b.sub_genre_id = sub.sub_genre_id`という結合条件が指定されています。`book`テーブルのサブジャンルID と、平均価格を集計したサブクエリの結果のうち、サブジャンルIDが一致するものを外部結合するという条件です。実行結果は以下のとおりです。

▶ **リスト9-10** 書籍情報とサブジャンルの平均価格を取得（実行結果）

```
              title              | sub_genre_id | price | avg_price
---------------------------------+--------------+-------+-----------
 すぐわかるC/C++                  | 0601         | 1893  | 2510
 Cプログラミング専門課程          | 0601         | 2524  | 2510
 実用入門 ディジタル回路とVerilog HDL | 1303     | 4155  | 2152
 新ANSI C言語辞典                 | 0601         | 2300  | 2510
 かんたん図解Office97             | 0107         | 1380  | 1660
```

`book`テーブルから得られる内容と、`book`テーブルを集計して得られた平均値の値が 得られました。FROM句にサブクエリを使用する場合、サブクエリの結果が1つのテーブルのように扱われます。

9-1-3 WHERE句とサブクエリ

　続いて、WHERE句にSELECT文を使用する例を以下に示します。まずはサブクエリの働きのイメージをつかむために、FROM句以下をともなわない SELECT文を例にします。

▶**リスト9-11** WHERE句にサブクエリを利用

```sql
SELECT isbn,
       title
  FROM book
 WHERE isbn = (SELECT '9784774142296');
```

　WHERE句の条件に`isbn = (SELECT '9784774142296')`を指定しています。サブクエリの結果は「9784774142296」となるので、ISBNコードが「9784774142296」のデータが抽出されます。このように、SELECT文の結果をWHERE句の条件に使用できます。

　WHERE句にサブクエリを使うイメージができたら、実際のテーブルに対してサブクエリを使ったSELECT文を実行しましょう。以下は、`book`テーブルの中から、価格の平均値よりも安い書籍を取得するSELECT文です。

▶**リスト9-12** 平均価格よりも安い書籍を取得

```sql
SELECT isbn,
       title,
       price
  FROM book
 WHERE price < (SELECT ROUND(AVG(price)) FROM book)
 ORDER BY price DESC, isbn ASC
 LIMIT 5;
```

　本節の冒頭で示したリスト9-2を少し変更し、ORDER BY句を追加しています。実行結果は以下のとおりです。

▶**リスト9-13** 平均価格よりも安い書籍を取得（実行結果）

```
    isbn     |                title                 | price
-------------+--------------------------------------+-------
 4774100684  | すぐわかるC/C++                       |  1893
 4774106518  | 改訂新版 JavaScript入門               |  1880
 4774107956  | Visual Basic 6.0 入門編               |  1880
 4774108499  | UNIXコマンド ポケットリファレンス ビギナー編  |  1880
 4774110760  | Excel 2000 VBA ステップアップラーニング |  1880
```

リスト9-12では、WHERE句にprice < (SELECT ROUND(AVG(price)) FROM book)という条件を指定しています。サブクエリの部分SELECT ROUND(AVG(price)) FROM bookを抽出して実行すると、「1899」が得られます。サブクエリで得られた結果の値が条件に指定され、結果リスト9-13に示した行が取得されています。

　サブクエリを利用しない場合、価格の平均値をあらかじめ求めておく必要があります。サブクエリを利用することで、一度のSQL実行で結果が得られました。

　WHERE句にサブクエリを指定した場合で、かつ比較演算子が「=」や「>」などの場合、サブクエリの取得結果は単一の行である必要があります。WHERE price = (SELECT price FROM book)のように、複数レコードが取得できるようなサブクエリを指定するとエラーが発生します。サブクエリで得られた複数の値をWHERE句の条件に利用するには、IN句およびEXISTS句を使用します。IN句およびEXISTS句については次節で解説します。

本節では、サブクエリの基本として、SELECT文のFROM句とWHERE句にサブクエリを適用する例を示しました。サブクエリにより、多段階に処理しなければならない内容が、単一のSQLにまとめられることがわかりました。次節では、サブクエリと関連の強い「WHERE IN」と「WHERE EXISTS」について解説します。

9-2

WHERE INと WHERE EXISTS

前節では、SELECT文の中でSELECT文を使用するサブクエリについて解説しました。本節では、これまで触れてこなかったWHERE句の機能である、WHERE INとWHERE EXISTSについて解説します。

9-2-1 WHERE IN

これまでWHERE句には、「=」や「>」といった比較演算子を利用した条件指定が記述できると解説してきました。WHERE句には**IN句**を利用した条件の指定方法があります。

▶**リスト9-14** WHERE INで複数の条件を指定

```
SELECT id,
       name
  FROM sub_genre
 WHERE id IN ('0601', '0603')
 ORDER BY id;
```

実行結果は以下のとおりです。

▶**リスト9-15** WHERE INで複数の条件を指定（実行結果）

```
 id  |           name
------+---------------------------------
 0601 | C・C++
 0603 | JavaScript・Perl・Ruby・PHPなど
```

IN句には複数の値をカンマ区切りで指定できます。働きとしては、`WHERE id = '0601' OR id = '0603'`のように、OR句で複数の条件を指定した場合と同等の効果をもたらします。

IN句はこのように値を直接指定することもできますが、しばしばサブクエリと組み合わせて使用されます。今回は、書籍のジャンルIDが「06」である一覧を取得する場

合を想定します。bookテーブルに含まれているのはサブジャンルIDで、ジャンルID
の情報は含まれていません。ジャンルIDは、sub_genreテーブルのgenre_id列に存在
する情報です。したがってジャンルIDの情報をもとに書籍を取得する場合、まずジャ
ンルIDの中にどのようなサブジャンルIDが存在するかの一覧を取得する必要があり
ます。

▶リスト9-16 ジャンルID「06」に所属するサブジャンルIDを取得

```
SELECT genre_id,
       id AS sub_genre_id
  FROM sub_genre
 WHERE genre_id = '06'
 ORDER BY id
 LIMIT 5;
```

実行結果は以下のとおりです。

▶リスト9-17 ジャンルID「06」に所属するサブジャンルIDを取得（実行結果）

```
genre_id | sub_genre_id
----------+--------------
06       | 0601
06       | 0602
06       | 0603
06       | 0604
06       | 0605
```

ジャンルID「06」には、サブジャンルID「0601」や「0602」が含まれていることがわ
かります。サブジャンルIDのリストが得られたので、サブジャンルIDをすべてIN句
に指定すれば、目的の行が得られます。

しかし、数が多い場合すべての値をIN句に指定するとSQLが長くなります。また、
先に一度サブジャンルIDのリストを取得しなくてはいけないという二段階の処理にな
ってしまいます。ここで利用できるのがサブクエリです。

IN句とサブクエリを用いて、ジャンルIDが「06」である書籍の一覧を取得する
SELECT文を以下に示します。

▶リスト9-18 ジャンルID「06」の書籍一覧を取得

```
SELECT title,
       sub_genre_id
  FROM book
 WHERE sub_genre_id IN
       (SELECT id
          FROM sub_genre
         WHERE genre_id = '06')
 ORDER BY isbn
 LIMIT 5;
```

IN句に続けて、SELECT文が記述されています。実行結果は以下のとおりです。

▶ **リスト9-19** ジャンルID「06」の書籍一覧を取得（実行結果）

```
                       title           | sub_genre_id
---------------------------------------+--------------
 すぐわかるC/C++                        | 0601
 Cプログラミング専門課程                | 0601
 新ANSI C言語辞典                       | 0601
 極めるVisual C++ 基礎にして初歩にあらず | 0601
 VC++によるWin32プログラミングTips      | 0604
```

ジャンルID「06」に所属するサブジャンルIDを持つ書籍の一覧が取得できました。このように、IN句はサブクエリとともに利用できます。

9-2-2 WHERE NOT IN

IN句の反対の条件を指定するのが**NOT IN句**です。リスト9-18のIN句の前に`NOT`を付与します。これで、IN句に指定された条件**以外**の行が一致します。

▶ **リスト9-20** ジャンルID「06」以外の書籍一覧を取得

```
SELECT title,
       sub_genre_id
  FROM book
 WHERE sub_genre_id NOT IN
       (SELECT id
          FROM sub_genre
         WHERE genre_id = '06')
 ORDER BY isbn
 LIMIT 5;
```

実行結果は以下のとおりです。

▶ **リスト9-21** ジャンルID「06」以外の書籍一覧を取得（実行結果）

```
                       title              | sub_genre_id
------------------------------------------+--------------
 実用入門 ディジタル回路とVerilog HDL      | 1303
 かんたん図解Office97                      | 0107
 UNIXコマンドポケットリファレンス          | 0704
 Excelで学ぶ統計学入門 第2巻 線形代数・微分積分編 | 1302
 手作りマイコンBabbage3号                  | 0501
```

サブジャンルID「0601」や「0604」が結果に含まれなくなりました。`IN`と`NOT IN`の違いが確認できました。

9-2-3 WHERE EXISTS

IN句に続いて、**EXISTS句**について解説します。EXISTSは「存在する」という単語をもとにしており、**存在検査**のための句です。IN句には値を列挙することも、サブクエリを記述することもできましたが、EXISTS句にはサブクエリのみ記述できます。

IN句とサブクエリを使ったSELECT文リスト9-18を、EXISTS句とサブクエリを使ったSELECT文に書き換えます。

▶**リスト9-22** EXISTS句を使って、ジャンルID「06」の書籍一覧を取得

```
SELECT title,
       sub_genre_id
  FROM book AS b
 WHERE EXISTS
       (SELECT 1
          FROM sub_genre AS s
         WHERE genre_id = '06'
           AND b.sub_genre_id = s.id)
 ORDER BY isbn
 LIMIT 5;
```

実行結果は以下のとおりです。

▶**リスト9-23** EXISTS句を使って、ジャンルID「06」の書籍一覧を取得（実行結果）

```
                  title                 | sub_genre_id
----------------------------------------+--------------
 すぐわかるC/C++                         | 0601
 Cプログラミング専門課程                 | 0601
 新ANSI C言語辞典                        | 0601
 極めるVisual C++ 基礎にして初歩にあらず | 0601
 VC++によるWin32プログラミングTips       | 0604
```

EXISTS句はIN句と違い直感的ではないので、詳しく解説していきます。サブクエリとして、以下のSELECT文が記述されています。

▶**リスト9-24** リスト9-22のサブクエリ部分

```
SELECT 1
  FROM sub_genre AS s
 WHERE genre_id = '06'
   AND b.sub_genre_id = s.id
```

WHERE句により、**sub_genre**テーブルの行が、ジャンルIDが「06」であるものに限定されています。WHERE句には、**AND b.sub_genre_id = s.id**という条件も付与されています。これは、**book**テーブルのサブジャンルIDと、**sub_genre**テーブルのサ

ブジャンルIDの値が**一致すれば真**、**一致しなければ偽**という結果を戻すことを意味します。EXISTS句は、**真**になった行のみに絞り込むという働きをします。下記のような検査表が作られ、真の行のみが抽出されるイメージです。

▶表9-1 EXISTS句による存在検査

ISBNコード	book テーブルの サブジャンルID	sub_genre テーブルのサブジャンルID	サブジャンルIDが一致するか（真/偽）
4774100684	0601	0601	真
4774100900	0601	0601	真
4774103217	1303		偽
4774104329	0601	0601	真
4774104671	0107		偽

sub_genreテーブルにはもともとサブジャンルIDが網羅的に記録されているので、この存在検査はWHERE句の`genre_id = '06'`によって絞り込まれた状態に対して実施されている点を忘れないでください。`genre_id = '06'`という条件を外してしまえば、`b.sub_genre_id = s.id`は常に真となり、取得結果にはすべての行が含まれることになります。

EXISTS句では、このように存在検査を実施して行を絞り込むので、サブクエリのSELECT句の指定が結果に影響しません。したがって`SELECT 1`と記述しています。

Column 「SELECT 1」以外を指定してもいい?

EXISTS句のSELECT句の指定は、解説によってはSELECT * としたり、列のいずれか1つを指定したりしている場合があります。どの方法でも得られる結果は変わりませんが、本書では、PostgreSQLの公式ドキュメントに倣いSELECT 1としています。

9-2-4 NOT EXISTS

IN句とNOT IN句の関係同様、EXISTS句に対応する**NOT EXISTS句**があります。

▶リスト9-25 NOT EXISTS句を使ってジャンルID「06」以外の書籍一覧を取得

```
SELECT title,
       sub_genre_id
  FROM book AS b
 WHERE NOT EXISTS
       (SELECT 1
          FROM sub_genre AS s
         WHERE genre_id = '06'
           AND b.sub_genre_id = s.id)
 ORDER BY isbn
 LIMIT 5;
```

NOT EXISTS句の働きは、存在検査の結果、**偽**の行のみを取得するというものです。実行結果は以下のとおりです。

▶リスト9-26 NOT EXISTS句を使ってジャンルID「06」以外の書籍一覧を取得（実行結果）

```
                title                 | sub_genre_id
--------------------------------------+-------------
 実用入門 ディジタル回路とVerilog HDL  | 1303
 かんたん図解Office97                   | 0107
 UNIXコマンドポケットリファレンス       | 0704
 Excelで学ぶ統計学入門 第2巻 線形代数・微分積分編 | 1302
 手作りマイコンBabbage3号               | 0501
```

SELECT文の実行結果から、ジャンルID「06」に属するサブジャンルID を持つ書籍が取り除かれました。EXISTS と NOT EXISTS は必要に応じて使い分けましょう。

まとめ

本節では、**WHERE IN**と**WHERE EXISTS**について解説しました。**WHERE IN**は、**OR句**で条件を列挙する場合に代替として利用できないか検討するとよいでしょう。また、**WHERE IN**および**WHERE EXISTS**はサブクエリと組み合わせることで、**SELECT文**の結果をもとに行を絞り込むことができます。特に、ほかのテーブルの情報をもとにして行を絞り込みたい場合に有効な手段です。

サブクエリを使った行の挿入、更新、削除

サブクエリは、SELECT文以外にも活用できます。本節では、INSERT文やUPDATE文、DELETE文でサブクエリを使用する方法を解説します。サブクエリを活用して、より複雑な条件のデータ更新や削除に挑戦してみましょう。

9-3-1 サブクエリをINSERT文で利用する

データベース上のテーブルにデータを挿入する場合、INSERT文を使用します。これは第4章で学びました。INSERT文では、サブクエリを利用してSELECT文の取得結果をそのまま挿入対象の行にできます。

bookテーブルの情報をもとに、b3テーブルに行を挿入します。最初に、b3テーブルの状態を確認します。

▶リスト9-27 b3テーブルを確認

```
SELECT *
  FROM b3;
```

実行結果は以下のとおりです。

▶リスト9-28 b3テーブルを確認（実行結果）

```
 isbn | title | published_at
------+-------+--------------
```

b3テーブルは、isbn、title、published_atの3つの列を持つテーブルです。データはまだ存在しません。

b3テーブルに行を挿入します。このときにサブクエリを使用します。

▶ リスト9-29 bookテーブルの取得結果をb3テーブルに挿入

```
INSERT INTO b3 (isbn, title, published_at)
SELECT isbn,
       title, -- VALUES を使用せず、サブクエリを使用
       published_at
  FROM book
 WHERE sub_genre_id IN ('0602', '0603')
 ORDER BY published_at DESC
 LIMIT 3;

-- INSERT文 実行後の結果を確認
SELECT *
  FROM b3
 ORDER BY isbn ASC;
```

　これまで学んだINSERT文では、挿入対象のテーブルと列を指定した後に、VALUES句を用いて挿入する値を記述していました。一方、上記のリスト9-29では、VALUES句の代わりにSELECT文を記述しています。このSELECT文がサブクエリです。SELECT文は、bookテーブルから、サブジャンルID「0602」または「0603」に該当する行を3件取得するという内容です。実行結果は以下のとおりです。

▶ リスト9-30 bookテーブルの取得結果をb3テーブルに挿入（実行結果）

```
isbn           |                 title                  | published_at
---------------+----------------------------------------+---------------
9784774189932  | たった1日で基本が身に付く！Java超入門    | 2017-06-15
9784774189956  | たった1日で基本が身に付く！JavaScript超入門 | 2017-06-15
9784774190440  | 3ステップでしっかり学ぶPHP入門          | 2017-07-21
```

　新しく3行が挿入されています。この3行は、INSERT文の中で使用したSELECT文の実行結果と等しくなります。SELECT文の結果がテーブルに挿入されていることが確認できました。

　サブクエリの結果をINSERT文でテーブルに挿入するには、挿入対象の列とサブクエリのSELECT文で取得する列数を一致させておく必要がある点に注意します。たとえば、以下のINSERT文は、挿入対象の列数が3つなのに対し、サブクエリの列数がbookテーブルのすべての列（5つ）なので、エラーになります。

▶ リスト9-31 サブクエリと列数の一致しないINSERT文

```
INSERT INTO b3 (isbn, title)
SELECT *
  FROM book
 WHERE sub_genre_id = '0701'
 ORDER BY published_at ASC
 LIMIT 3;
```

　INSERT文のサブクエリとして記述できるSELECT文は、通常のSELECT文と同じ

です。サブクエリの中で関数を使って値を加工したり、GROUP BY句を使って集約したりしたデータを挿入することも可能です。

9-3-2 UPDATE文を使ってデータを更新する

　テーブルのデータを更新する場合、UPDATE文を使用します。UPDATE文も第4章で学びました。ここではUPDATE文にサブクエリを利用する方法を学びます。

　b3テーブルの発行日が最も古い書籍のデータを、bookテーブルの中でサブジャンルIDが「0701」に該当し、かつ発行日が最も新しい書籍に置き換える、という処理を行う場合を想定します。それぞれの条件に一致する書籍の情報を得るには、SELECT文を利用する必要があります。

　まず、「bookテーブルの中でサブジャンルIDが「0701」に該当し、かつ発行日が最も新しい書籍」を取得するSQLを考えます。

▶リスト9-32 更新後の値となるはずの行を確認

```
SELECT isbn,
       title,
       published_at
  FROM book
 WHERE sub_genre_id = '0701'
 ORDER BY published_at DESC
 LIMIT 1;
```

実行結果は以下のとおりです。

▶リスト9-33 更新後の値となるはずの行を確認（実行結果）

```
      isbn      |          title          | published_at
----------------+-------------------------+--------------
 9784774190846 | IBM Bluemixクラウド開発入門 | 2017-07-07
```

続いて、「b3テーブルの発行日が最も古い書籍」を取得するSQLを考えます。

▶リスト9-34 更新対象となるはずの行を確認

```
SELECT *
  FROM b3
 ORDER BY published_at DESC
 LIMIT 1;
```

実行結果は以下のとおりです。

▶リスト9-35 更新対象となるはずの行を確認（実行結果）

```
isbn             |           title            | published_at
-----------------+----------------------------+--------------
9784774190440    | 3ステップでしっかり学ぶPHP入門 | 2017-07-21
```

　リスト9-32で使用したSELECT文と、リスト9-34で使用したSELECT文を利用してUPDATE文を組み立てます。

▶リスト9-36 bookテーブルのデータを利用しb3テーブルを更新

```
UPDATE b3
   SET isbn = b.isbn,
       title = b.title,
       published_at = b.published_at
  FROM (SELECT isbn,
               title,
               published_at
          FROM book
         WHERE sub_genre_id = '0701'
         ORDER BY published_at DESC
         LIMIT 1) AS b
 WHERE b3.isbn = (SELECT isbn
                    FROM b3
                   ORDER BY published_at DESC
                   LIMIT 1);

-- INSERT文 実行後の結果を確認
SELECT *
  FROM b3
 ORDER BY isbn ASC;
```

　少し複雑なUPDATE文になりましたが、2つのサブクエリの内容をあらかじめ確認しておいたため読み解けるはずです。

　SET句では、更新する値を直接指定するのではなく`isbn = b.isbn`のように、列を指定しています。UPDATE文の中でFROM句が登場しており、FROM句にSELECT文が記述されています。これが1つ目のサブクエリです。サブクエリに対してAS句`AS b`が記述されており、これがSET句で`isbn = b.isbn`や`title = b.title`で利用されています。WHERE句に2つ目のサブクエリが使用されています。もし、ISBNコードがあらかじめわかっている場合は`b3.isbn = '4774109568'`と指定できるところですが、今回はSELECT文を用いてISBNコードを取得し比較しています。

　それではリスト9-36を実行してみましょう。実行結果は以下のとおりです。

```
isbn          |                     title                     | published_at
--------------+----------------------------------------------+-------------
9784774189932 | たった1日で基本が身に付く！Java超入門           | 2017-06-15
9784774189956 | たった1日で基本が身に付く！JavaScript超入門     | 2017-06-15
9784774190846 | IBM Bluemixクラウド開発入門                     | 2017-07-07
```

ISBNコード「9784774190440」の行が更新されていることがわかります。目的の更新処理を一度のUPDATE文で実現できました。このようにUPDATE文とサブクエリを組み合わせることで、SELECT文の結果を更新する値として利用できます。また、SELECT文の結果を絞り込み条件に指定することもできます。

9-3-3 サブクエリをDELETE文で使用する

DELETE文にも、INSERT文やUPDATE文と同様にサブクエリを適用できます。

b3テーブルに含まれる行のうち、サブジャンルIDが「0701」である行を削除するSQLを組み立てます。なお、いきなりDELETE文を実行すると、本当に目的の行のみが削除できるのか、誤って想定外の行が削除されてしまわないか確認せずに行を削除することになります。必ずDELETE文の前に、SELECT文を組み立てるようにしましょう。

▶ リスト9-38 サブジャンルID「0701」に該当する行の確認

```
SELECT isbn,
       title
  FROM b3
 WHERE EXISTS
       (SELECT 1
          FROM book AS b
         WHERE sub_genre_id = '0701'
           AND b.isbn = b3.isbn)
 ORDER BY isbn ASC;
```

SQLの解説は後述することとし、実行結果を以下に示します。

▶ リスト9-39 サブジャンルID「0701」に該当する行の確認（実行結果）

```
isbn          |                 title
--------------+-------------------------------
9784774190846 | IBM Bluemixクラウド開発入門
```

目的の1行が取得できました。意図どおりの絞り込み条件が記述できていることがわかったところで、SELECT句をDELETE句に差し替えます。不要なORDER BY句

も取り除きます。

▶リスト9-40 サブジャンルID「0701」に該当する行を削除

```
DELETE FROM b3
 WHERE EXISTS
       (SELECT 1
          FROM book AS b
         WHERE sub_genre_id = '0701'
           AND b.isbn = b3.isbn);

-- INSERT文 実行後の結果を確認
SELECT *
  FROM b3
 ORDER BY isbn ASC;
```

　b3テーブルにはサブジャンルIDの情報は含まれないため、サブクエリでbookテーブルを参照しています。`WHERE sub_genre_id = '0701'`で絞り込んだbookテーブルの行とb3テーブルの行をISBNコードで照合し、一致するものが削除対象として選ばれます。実行結果は以下のとおりです。

▶リスト9-41 サブジャンルID「0701」に該当する行を削除（実行結果）

```
isbn           |                 title                | published_at
---------------+-------------------------------------+---------------
9784774189932  | たった1日で基本が身に付く！Java超入門       | 2017-06-15
9784774189956  | たった1日で基本が身に付く！JavaScript超入門 | 2017-06-15
```

　目的の行が削除できました。このようにDELETE文でもサブクエリが利用できます。

本節ではサブクエリの解説の仕上げとして、INSERT文、UPDATE文、そしてDELETE文でサブクエリを使用する例を取り上げ解説しました。いずれの場合も、目的の行を見つけ出すという点ではSELECT文でサブクエリを使用する場合と変わりありません。DELETE文の例で示したように、最初に目的の行を取得できるSELECT文を組み立て、そのSELECT文をINSERT文やUPDATE文に転用すると安心してテーブルの内容を変更できます。

INとEXISTSの違い、JOINへの書き換え

　本章では、IN句とEXISTS句を解説しました。両者は、よく似た働きをするように見えます。同じ結果を得るということだけを考えれば、IN句とEXISTS句のどちらを用いても問題ありません。かつて、INおよびNOT INはパフォーマンスが悪いため、EXISTSおよびNOT EXISTSを使用したほうがよいという言説が目立っていた時期がありました。実際に一部のRDBMSで、IN句にサブクエリを使用した場合のパフォーマンスに問題があったためです。しかし、RDMBSの機能および性能改善とともにIN句のパフォーマンス問題は全体的に改善傾向にあります。したがって、IN句の使用を無闇にためらう必要はなくなってきました。ただし今も昔も、IN句とEXISTS句はまったく同じ動作をしているわけではありません。

　本書で使用する「パフォーマンス」という言葉は、SQL実行速度や実行効率のことを指しています。パフォーマンスは体感して違いがわかる場合もありますが、関連する数値を計測するしくみを利用したほうが正しい状況を把握できます。RDBMSにはSQLがどのような手順で処理されるかを計測、確認するための実行計画の取得機能があります。実行計画は第11章で解説する内容ですが、少し先取りしてみましょう。

　NOT IN句を使用したSELECT文とNOT EXISTS句を使用したSELECT文の実行計画を確認します。まずはNOT IN句を使用したSELECT文の実行計画を確認します。SELECT文の実行計画を取得するには、SELECT文の前にEXPLAINを付与します。

▶**リスト9-42** NOT INの実行計画

```
EXPLAIN ANALYZE
SELECT title,
       sub_genre_id
  FROM book
 WHERE sub_genre_id NOT IN
       (SELECT id
          FROM sub_genre
         WHERE genre_id = '06');
```

実行計画は以下のように表示されます。

▶**リスト9-43** NOT INの実行計画（実行結果）

```
 Seq Scan on book  (cost=1.84..221.64 rows=2832 width=64) (actual
time=0.164..22.371 rows=4877 loops=1)
   Filter: (NOT (hashed SubPlan 1))
   Rows Removed by Filter: 787
   SubPlan 1
     -> Seq Scan on sub_genre  (cost=0.00..1.81 rows=10 width=5)
                               (actual time=0.018..0.081 rows=10 loops=1)
           Filter: (genre_id = '06'::bpchar)
           Rows Removed by Filter: 55
 Planning time: 0.149 ms
 Execution time: 40.594 ms
```

最初にsub_genreテーブルがスキャンされ、このときに`genre_id = '06'`で絞り込みが行われています。続いて、`book`テーブルがスキャンされます。このときに、サブジャンルIDによる絞り込みが行われています。

次はNOT EXISTS句を使用したSELECT文の実行計画を確認します。

▶ **リスト9-44** EXISTSの実行計画

```
EXPLAIN ANALYZE
SELECT title, sub_genre_id
  FROM book AS b
 WHERE NOT EXISTS
       (SELECT 1
          FROM sub_genre AS s
         WHERE genre_id = '06'
           AND b.sub_genre_id = s.id);
```

実行計画は以下のように表示されます。

▶ **リスト9-45** NOT EXISTSの実行計画（実行結果）

```
                          QUERY PLAN
----------------------------------------------------------------------
Hash Anti Join  (cost=1.94..271.36 rows=4793 width=64)
                (actual time=0.152..74.941 rows=4877 loops=1)
  Hash Cond: (b.sub_genre_id = s.id)
  -> Seq Scan on book b  (cost=0.00..205.64 rows=5664 width=64)
                (actual time=0.011..26.226 rows=5664 loops=1)
  -> Hash  (cost=1.81..1.81 rows=10 width=5)
                (actual time=0.121..0.121 rows=10 loops=1)
        Buckets: 1024  Batches: 1  Memory Usage: 9kB
        -> Seq Scan on sub_genre s  (cost=0.00..1.81 rows=10 width=5)
                                (actual time=0.012..0.067 rows=10 loops=1)
              Filter: (genre_id = '06'::bpchar)
              Rows Removed by Filter: 55
Planning time: 0.326 ms
Execution time: 95.779 ms
```

NOT EXISTSでも、最初に`sub_genre`テーブルがスキャンされます。以後、NOT IN句の場合と違いが生じます。NOT EXISTS句の例では、次に`book`テーブル全体がスキャンされます。最後に、`b.sub_genre_id = s.id`という条件をもとにテーブルが結合されています。

実行計画を比較したとおり、同じ結果が得られるNOT IN句とNOT EXISTS句でも、行を得るまでの処理の内容が異なる場合があります。

また、IN句やNOT EXISTS句は、JOIN句で書き換えられる場合があります。たとえば、LEFT JOINを使用した以下のSELECT文でも、「ジャンルID 06以外の書籍一覧」を取得できます。

▶リスト9-46 NOT EXISTS を JOIN で書き換え

```
SELECT title,
       sub_genre_id
  FROM book b
  LEFT JOIN sub_genre s
    ON b.sub_genre_id = s.id
 WHERE s.genre_id != '06';
```

　IN句とEXISTS句、そしてJOIN句のどれを採用するのがよいかについて、基本的にはパフォーマンスに優れたものを採用するのがよいでしょう。パフォーマンスに優れるということはSQLの実行から結果が得られるまでの時間が短く、多くの場合コンピュータに対する負荷も少ないためです。パフォーマンスに大差がない場合やパフォーマンスが重要でない場面では、SQLの可読性を重視する選択肢もあります。慣れの問題や個人差がありますが、EXISTS句よりはIN句のほうが読みやすいSQLになります。いずれの場合も、パフォーマンスに優れるかどうかはSELECT文の内容に依存するということは念頭に置いてください。

　なお、本書で利用している各テーブルのインデックスは、本書中で実行されるSELECT文に対して常に最適化されるよう設計されていないことに注意してください。実行計画はデータ量やインデックスの状態により異なります。また、実行計画はRDBMSの種類や設定、同じRDBMSであってもバージョンの違いによって異なります。したがって本書ではどの方法がパフォーマンス上優れているかという点についての言及は控えます。正しいパフォーマンスを知るには、実際に実行されるSQLを使用し実行計画を観察する必要があります。

Chapter 10

一歩進んだSQL

本書をここまで読み進めた読者であれば、基本的なSQLは一通り書けるようになっているはずです。本章では、第3章および第4章では解説しなかったSELECT文とINSERT文の機能として、重要なものを取り上げます。

10-1 一歩進んだSELECT文 ～DISTINCTとUNION

本節では、あらためてSELECT文を取り上げます。データの重複を取り除くDISTINCTや、複数のSELECT文の結果を組み合わせるUNION句について解説します。

10-1-1 DISTINCTで重複行を除外する

たとえば、テーブルに何種類のデータが含まれているか確認する目的で、行や値を重複せず取り出したい場合があります。そのようなときに利用できるのが**DISTINCT句**です。書籍の評価データが含まれるratingテーブルを例に解説します。

▶リスト10-1 ratingテーブルの内容を確認

```
SELECT *
  FROM rating
 ORDER BY id ASC
 LIMIT 5;
```

実行結果は以下のとおりです。

▶リスト10-2 ratingテーブルの内容を確認（実行結果）

```
 id |     isbn      | user_id  | score |     created_at      | deleted_at
----+---------------+----------+-------+---------------------+------------
  1 | 4774123137    | 0b55dc43 |   4.3 | 2017-03-23 13:11:13 |
  2 | 9784774167060 | c4ecc4db |   4.2 | 2017-05-02 01:07:48 |
  3 | 9784774173238 | 1ca34a7a |   4.6 | 2017-01-06 04:17:25 |
  4 | 4774120243    | 33735c10 |   4.8 | 2017-03-05 12:01:15 |
  5 | 9784774135021 | c6266d31 |   3.7 | 2017-08-09 02:09:20 |
```

ratingテーブルのscore列は、書籍に対するスコアです。どのようなスコアが存在しているのか確認したい場合、ratingテーブルは全体で16,000行存在するため、目視確認は困難です。このようなときにDISTINCT句が便利です。次のリスト10-3は、DISTINCT句を使って重複せずスコアを取得するSELECT文です。

```
SELECT DISTINCT score
  FROM rating
 ORDER BY score DESC;
```

SELECT句の最初に**DISTINCT**と記述しています。続けて、取得対象の列名を指定します。結果は以下のとおりです。

▶**リスト10-4** DISTINCTを使ってスコアを重複なく取得（実行結果）

```
 score
-------
   5.0
   4.9
   4.8
(.. 中略 ..)
   3.8
   3.7
   3.6
```

表示を省略していますが、全部で15行が取得できます。ratingテーブルの行数は16,000行ですが、スコアの値は3.6から5.0まで15種類の値のいずれかが入力されていることがわかりました。

リスト10-3の例では、列を1つだけ指定しましたが、DISTINCT句には複数の列を指定可能です。いずれの場合もDISTINCT句は列の値を重複なく取得するのではなく、**SELECT文の取得結果の行の重複を除外する**働きをします。

たとえばbookテーブルから、**sub_genre_id**列と**price**列を取得することを考えます。まずはDISTINCT句を使用しないSELECT文を実行します。

▶**リスト10-5** sub_genre_idとpriceを取得

```
SELECT sub_genre_id,
       price
  FROM book
 WHERE sub_genre_id IN ('1301', '0301')
 ORDER BY price ASC
 LIMIT 8;
```

実行結果は以下のとおりです。

▶リスト10-6 sub_genre_idとpriceを取得（実行結果）

```
 sub_genre_id | price
--------------+--------
 0301         |    980
 0301         |    980
 0301         |    980
 0301         |   1080
 0301         |   1380
 1301         |   1380
 1301         |   1380
 0301         |   1380
```

sub_genre_idが「0301」でpriceが「980」の行や、sub_genre_idが「1301」でpriceが「1380」の行に重複が見られます。続いて、DISTINCT句を使用します。

▶リスト10-7 sub_genre_idとpriceを重複なく取得

```
SELECT DISTINCT sub_genre_id,
       price
  FROM book
 WHERE sub_genre_id IN ('1301', '0301')
 ORDER BY price ASC
 LIMIT 8;
```

実行結果は以下のとおりです。

▶リスト10-8 sub_genre_idとpriceを重複なく取得（実行結果）

```
 sub_genre_id | price
--------------+--------
 0301         |    980
 0301         |   1080
 1301         |   1380
 0301         |   1380
 0301         |   1480
 1301         |   1480
 1301         |   1580
 0301         |   1580
```

DISTINCT句を使用した結果、重複している行が除外された結果が得られました。

10-1-2 UNIONでSELECT文の結果を組み合わせる

次は、SELECT文を組み合わせる働きを持つ、**UNION句**について解説します。2つ以上のSELECT文をUNION句でつなげると、SELECT文それぞれの取得結果が連結されます。次の例を見てみましょう。

▶ リスト10-9
 UNION句でSELECT文を組み合わせ

```
SELECT id,
       title
  FROM b1
 UNION -- 上下のSELECT文を組み合わせる
SELECT '0' AS id,
       'UNION句 入門' AS title
 ORDER BY id -- このORDER BY句によるソートはUNION後の結果に対して行われる
 LIMIT 3; --このLIMIT句も UNION後の結果に対して適用される
```

UNION句が間にある以外は通常のSELECT文です。実行結果は以下のとおりです。

▶ リスト10-10
 UNION句でSELECT文を組み合わせ（実行結果）

```
id | title
----+--------------------------------
0  | UNION句 入門
1  | Electronではじめるアプリ開発
2  | かんたん Perl
```

2つのSELECT文の結果が組み合わさった結果が取得できました。

UNION句の注意点がいくつかあります。まず、組み合わせるSELECT文の列数と名前は一致している必要があります。また、ORDER BY句やLIMIT句はUNION後の結果に対してのみ有効です。以下のUNION句を使ったSELECT文は実行できません。

▶ リスト10-11
 UNION前のSELECT文にORDER BY句を指定（実行不可）

```
SELECT id,
       title
  FROM b1
 ORDER BY id -- ここではORDER BY句は指定できない
 UNION
SELECT '1' AS id,
       'UNION句 入門' AS title;
```

なお、UNION句を使った場合、各SELECT文の結果で重複する行があった場合、重複は取り除かれます。下記の2つのSELECT文の結果は同一のものになります。

▶ リスト10-12
 UNIONと重複データ

```
SELECT 'japan' AS country
 UNION
SELECT 'japan';
```

▶リスト10-13 UNIONと重複データ（実行結果）

```
country
----------
 japan
```

　重複が取り除かれ、1行のみ取得できました。

　UNIONは重複行を取り除きますが、重複を取り除かない **UNION ALL** もあります。使い方はUNIONと同じです。次の例を見てください。

▶リスト10-14 UNION ALLと重複データ

```
SELECT 'japan' AS country
 UNION ALL
SELECT 'japan';
```

　UNIONをUNION ALLとした以外に変更はありません。実行結果は以下のとおりです。

▶リスト10-15 UNION ALLと重複データ（実行結果）

```
country
----------
 japan
 japan
```

　重複が取り除かれず、2行取得できました。このようにデータの重複も含めて複数のSELECT文の結果を連結したい場合はUNION ALLを使います。

　UNION句の活用のしどころとして、何らかの理由で分割されたほとんど同じ役割を持つテーブルをまとめて扱う、というものが挙げられます。たとえば、企業の会計データが年次ごとに別々のテーブルで管理されていた場合、年次をまたいだ集計を行いたい場合、UNIONの利用が検討できます。

本節では、SELECT文の取得結果から重複を取り除くDISTINCT句と、SELECT文の結果を組み合わせるUNION句について解説しました。これらを使いこなせれば、SELECT文でできることの幅が広がります。どちらも大事な構文なので、忘れないようにしましょう。

10-2

Chapter 10 ｜ 一歩進んだSQL

一歩進んだSELECT文 ～WHERE句のさらなる活用

WHERE句については、第3章で解説を行いました。本節ではすでに解説したこと以外で、WHERE句に関するトピックをいくつか取り上げます。WHERE句を工夫することでさまざまな条件での検索が可能になります。

10-2-1 LIKE検索

WHERE句では、比較演算子「=」を使って行の絞り込みが行えることを既に学びました。「=」を使った場合、指定した値との**完全一致検索**になります。

▶ **リスト10-16** 文字列の完全一致検索

```
SELECT isbn,
       title
  FROM book
 WHERE title = 'Pythonスタートブック';
```

条件に指定したい文字列が長い場合入力の手間が大きく、また、文字の間のスペースの有無などで思ったように目的の行が見つからない場合があります。そのような場合、**LIKE**による**部分一致検索**が便利です。LIKEは次のように使用できます。

▶ **リスト10-17** 文字列の部分一致検索

```
SELECT isbn,
       title
  FROM book
 WHERE title LIKE 'Python%'
 ORDER BY isbn;
```

`WHERE title LIKE 'Python%'` が部分一致検索を行っている箇所です。この場合、書籍タイトルが文字列「Python」で始まるという条件です。末尾に付与されている％は、0文字以上の何らかの文字列であることを示します。実行結果は以下のとおりです。

```
    isbn     |              title
-------------+--------------------------------------
 9784774138053 | Python ポケットリファレンス
 9784774142296 | Pythonスタートブック
 9784774173207 | Pythonエンジニア養成読本
 9784774177076 | Python ライブラリ厳選レシピ
 9784774183671 | Pythonクローリング＆スクレイピング
```

'%ポケットリファレンス%' のように文字列の前後を％で囲えば、対象の列に「ポケットリファレンス」が含まれているかどうかという条件で検索できます。

▶ **リスト10-19** 文字列の部分一致検索 その2

```sql
SELECT isbn,
       title
  FROM book
 WHERE title LIKE '%ポケットリファレンス%'
 ORDER BY isbn
 LIMIT 5;
```

実行結果は以下のとおりです。

▶ **リスト10-20** 文字列の部分一致検索 その2（実行結果）

```
    isbn     |              title
-------------+--------------------------------------
 4774105082 | UNIXコマンドポケットリファレンス
 4774106364 | Windows DOSプロンプトポケットリファレンス
 4774106712 | PhotoShop5.0Jポケットリファレンス for Win
 4774107557 | CGI＆Perlポケットリファレンス
 477410812X | VBScript ポケットリファレンス
```

「UNIXコマンドポケットリファレンス」の場合、文字列後方に「ポケットリファレンス」が含まれています。「PhotoShop5.0J ポケットリファレンス for Win」の場合、文字列の真ん中に「ポケットリファレンス」が含まれています。**LIKE '%ポケットリファレンス%'** という条件の指定により、タイトルのどこかに指定した文字列が含まれる、という条件で行を取得できました。

このようにLIKEは、目的の文字列があいまいな場合に利用すると検索の助けになります。また、テーブルに保存した文書群を、キーワードを含むかどうかという条件で検索することもできます。

便利なLIKEですが、大量の文書の柔軟な検索用途、いわゆる**全文検索**で利用する際には注意が必要です。PostgresSQLを含むたいていのRDBMSは、データの効率的な検索のために**インデックス**を作成します（インデックスについては第11章で解説し

ます）。しかし通常作成されるインデックスは、全文検索に最適化されていません。数値やアルファベットの全文検索に対応していても、日本語の検索に対応していない場合もあります。全文検索を行うには、**全文検索システム**と呼ばれる、より目的に最適化されたツールを導入してください。

Column 全文検索システム

全文検索システムとして、Apache Solr（http://lucene.apache.org/solr/）やElasticsearch（https://www.elastic.co/）が有名です。PostgreSQLにも、日本語を含む全文検索を行えるようにするプラグインが存在します。

10-2-2 WHERE句で関数や算術演算子を利用する

これまで、WHERE句には「=」や「>」などの論理演算子と数字や文字列を組み合わせて条件としていました。WHERE句の中では関数が利用できます。以下に示すのは、タイトルの文字数が3文字よりも少ない書籍を取得するSELECT文です。

▶**リスト10-21** タイトルの文字数が3文字よりも少ない書籍を取得する

```
SELECT isbn,
       title
  FROM book
 WHERE LENGTH(title) < 3 -- WHERE句 の中で関数を利用
 ORDER BY isbn;
```

LENGTH( )は第6章で登場した文字列関数の1つで、引数に指定した文字列の長さ（文字数）を戻す関数です。`WHERE LENGTH(title) < 3`としたことで、各行のタイトルの長さを求め、その長さが3より小さいという条件を指定したことになります。実行結果は以下のとおりです。

▶**リスト10-22** タイトルの文字数が3文字よりも少ない書籍を取得する（実行結果）

```
     isbn      | title
---------------+-------
 9784774146997 | 献体
 9784774159263 | 武具
 9784774159775 | ハチ
 9784774163635 | 文字
 9784774165653 | たね
 9784774172477 | 雲
 9784774182773 | 細菌
```

1文字ないし2文字のタイトルの書籍だけが取得できていることがわかります。

WHERE句で関数を利用する例を紹介しましたが、各演算子も利用できます。たとえば`WHERE price * 1.08 < 3000`とすれば、価格に消費税率を掛けた上で、指定した数値と比較するという条件になります。

Column WHERE句で関数や演算子を使う際の注意

WHERE句の中で関数や算術演算子を利用する場合、パフォーマンス上の注意点があります。PostgreSQLやMySQLを使用している場合、WHERE句の左辺（比較演算子よりも左側）で関数や演算子を利用すると、インデックスが利用されなくなります。インデックスは第11章で解説する内容ですが、データベースからすばやく目的のデータを取り出すために必要な機能です。したがって、高いパフォーマンスが求められる場面では、WHERE句の左辺では関数や演算子を利用しないよう注意します。1つのテクニックとして、反対の意味を持つ算術演算子に条件を書き換えて左辺から算術演算子を取り除く方法があります。たとえば、`WHERE price * 1.08 < 3000`という条件であれば、`price < 3000 / 1.08`のように掛け算を割り算にして右辺に移動することで、条件を書き換えることができます。算術演算子や関数はできるだけ右辺に記述するように日頃から注意してSQLを書くようにしましょう。

本節では、WHERE句のさらなる活用としてLIKE検索や、WHERE句の中で関数や演算子を利用する方法について解説しました。WHERE句では、比較演算子による列と値の比較以外にも、さまざまな方法で条件を指定できることがわかりました。すでに学んだWHERE句と組み合わせ、より柔軟で複雑な条件指定に挑戦してみてください。

一歩進んだSELECT文 ～CASE式

本節では、SELECT文の発展として CASE式を取り上げます。CASE式を有効利用すると、冗長な記述のSELECT文を簡潔にできます。よくある活用方法とともにCASE式について解説します。

10-3-1 CASE式の基本

CASE式とは、SELECT文の中で**条件分岐**を行う働きを持つ**式**のことです。条件分岐とは、**条件**によって後続の処理を分岐するかどうか判断する命令のことです。

▶ **図10-1** 条件分岐のイメージ

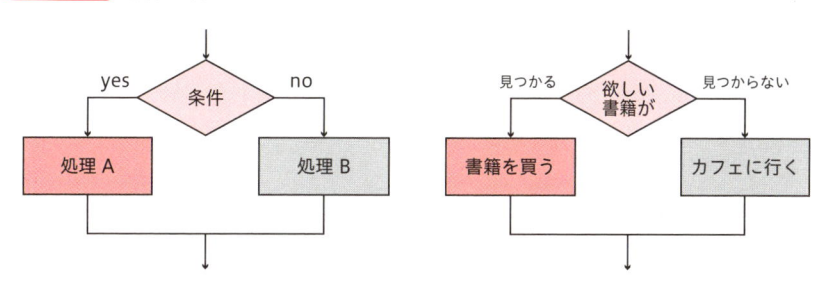

上記の図10-1は条件分岐のイメージ図です。まずは左側の図を見てください。条件に対して「YES」なら左のフローに進み、処理Aを実行します。逆に「NO」なら右のフローに進み、処理Bを実行します。右側の図では条件に「欲しい書籍が見つかるかどうか」を当てはめてみました。書籍が見つかった場合、左のフローに進み、書籍を購入します。書籍が見つからなかった場合、右のフローに進み、カフェに行きます。このように、条件によって後続の処理が分岐するため条件分岐と呼ばれます。

SQLでは、CASE式で条件分岐が行えます。CASE式の利用例としてよく用いられるのは、「1 or 0」または「True or False」の**フラグ（目印）**を、わかりやすいテキストに置き換える例です。

bookテーブルの`is_stock`列は在庫情報として、在庫がある場合はTRUE、在庫がない場合はFALSEが保存されています。TRUE、FALSEという値をよりわかりやすい表現にするために、TRUEの場合「在庫あり」、FALSEの場合「在庫なし」というテキストに変更することとします。

CASE式を用いないSELECT文の案として、`UNION`を利用する方法が考えられます。

▶ リスト10-23　UNIONを利用してTRUE／FALSEを在庫あり／なしに変換

```sql
SELECT isbn,
       is_stock,
       '在庫あり' AS stock
  FROM book
 WHERE is_stock IS TRUE
 UNION
SELECT isbn,
       is_stock,
       '在庫なし' AS stock
  FROM book
 WHERE is_stock IS FALSE
 ORDER BY isbn ASC
 LIMIT 7;
```

実行結果は以下のとおりです。

▶ リスト10-24　UNIONを利用してTRUE／FALSEを在庫あり／なしに変換（実行結果）

```
   isbn    | is_stock |  stock
-------------+----------+---------
 4774100684 | f        | 在庫なし
 4774100900 | f        | 在庫なし
 4774103217 | f        | 在庫なし
 4774104329 | f        | 在庫なし
 4774104671 | f        | 在庫なし
 4774105082 | f        | 在庫なし
 4774105457 | t        | 在庫あり
```

意図どおりの結果が得られました。しかし`UNION`を使う場合、条件が増えるたびに同じようなSELECT文を追加する必要があり、SQL全体が長くなります。

CASE式を利用すればよりわかりやすく、短いSELECT文で目的の結果を得られます。次のSQLにCASE式を利用した例を示します。

▶ **リスト10-25** 在庫のTRUE／FALSEに基づいて表現を変更する

```sql
SELECT isbn,
       is_stock, -- 確認のために元の列の値を取得
  CASE WHEN is_stock IS TRUE THEN '在庫あり'
       WHEN is_stock IS FALSE THEN '在庫なし'
       ELSE '不明'
   END AS stock
  FROM book
 ORDER BY isbn ASC
 LIMIT 7;
```

CASE式について詳しく見ていきましょう。CASE式に該当する箇所を抜粋します。

▶ **リスト10-26** CASE式の抜粋

```sql
CASE WHEN is_stock IS TRUE THEN '在庫あり'
     WHEN is_stock IS FALSE THEN '在庫なし'
     ELSE '不明'
 END AS stock
```

CASE式は CASE で始まります。WHEN は、「〜のとき」という条件を指定する箇所です。WHEN is_stock IS TRUE としたことで、is_stock列が「TRUEのとき」という条件を指定したことになります。THEN で、左記の条件に一致した場合に行う内容を記述します。THEN '**在庫あり**' は、「'在庫あり'」というテキストを戻すという処理を行います。

WHEN is_stock IS FALSE THEN '**在庫なし**' は、is_stock列がFALSEの場合、「在庫なし」を戻すという記述です。WHEN から始まる句を増やすことで条件の増加に簡単に対応できます。

ELSE は、WHEN の条件に一致しなかった場合に行うべき処理内容を記述します。is_stock列がTRUEでもFALSEでもなかった場合、「不明」というテキストが戻されます。

CASE式の最後に END と記述します。その後に続く AS は、列名のエイリアスを指定する AS句と同様で、CASE式全体に対するエイリアスです。

それではリスト10-25を実行してみましょう。実行結果は以下のとおりです。

▶ **リスト10-27** 在庫のTRUE／FALSEに基づいて表現を変更する（実行結果）

```
    isbn    | is_stock |  stock
------------+----------+----------
 4774100684 | f        | 在庫なし
 4774100900 | f        | 在庫なし
 4774103217 | f        | 在庫なし
 4774104329 | f        | 在庫なし
 4774104671 | f        | 在庫なし
 4774105082 | f        | 在庫なし
 4774105457 | t        | 在庫あり
```

意図どおりの結果が得られました。

もう1つCASE式の例を紹介します。次の例はratingテーブルのscore列の値に基づいて、テキストを変更するSQLの例です。

▶ **リスト10-28** スコアの値に基づいてテキストを変更する

```
SELECT score,
  CASE WHEN score > 4.4 THEN '大満足'
       WHEN score BETWEEN 4.0 AND 4.4 THEN '満足'
       WHEN score IS NULL THEN '未評価'
       ELSE '普通'
  END AS satisfaction
  FROM rating
 ORDER BY isbn DESC
 LIMIT 5;
```

CASE式の最初の条件は「scoreが4.4より大きければ」なので、score > 4.4となり、THENには「'大満足'」を指定します。2つ目の条件は「4.0から4.4の間であれば」なので、BETWEEN句が使えます。score BETWEEN 4.0 AND 4.4とし、THENには「'満足'」を指定します。最後の条件は「NULLの場合」なので、score IS NULLとなります。THENには「'未評価'」を指定します。これらの条件に当てはまらなかった場合は「'普通'」を指定します。実行結果は以下のとおりです。

▶ **リスト10-29** スコアの値に基づいて表現を変更する（実行結果）

```
 score | satisfaction
-------+--------------
   3.7 | 普通
   3.7 | 普通
   4.0 | 満足
   4.8 | 大満足
   4.0 | 満足
```

CASE式の条件指定が反映された結果が得られていることがわかります。

本節では、SELECT文の中で条件分岐を行うCASE式を解説しました。CASE式によってSELECT文で得られた値を柔軟に変換できることがわかりました。TRUE／FALSEや数値の日本語への変換は、データの内容をわかりやすく伝えるために役に立つ場合があります。ぜひCASE式を活用してみてください。

10-4

Chapter 10 ｜ 一歩進んだSQL

Window関数を使って
データの集計を行う

本節では、Window関数について解説します。Window関数は、GROUP BY句や
HAVING句だけでは実現できない、データの集計に関する機能を提供する非常に便
利な関数です。

10-4-1 Window関数とは

　Window関数は、列の値に基づき**パーティション（仕切り）**を設けた上で、パーテ
ィションによって分けられたまとまりごとに処理を適用する関数です。文章による説
明では伝わりづらいため、最初に実例を用いて解説します。

　bookテーブルの中から**価格の高い書籍上位3件**を取得したいとき、以下のSELECT
文を実行すればよいでしょう。

▶ **リスト10-30** 価格の高い書籍上位3件の取得

```
SELECT isbn,
       sub_genre_id,
       price
  FROM book
 ORDER BY price DESC
 LIMIT 3;
```

実行結果は以下のとおりです。

▶ **リスト10-31** 価格の高い書籍上位3件の取得

```
     isbn      | sub_genre_id | price
---------------+--------------+-------
 9784774133690 | 0301         | 10000
 9784774180083 | 1305         | 7300
 9784774180090 | 1305         | 6900
```

　では、**サブジャンルごとに**価格の高い書籍上位3件を取得したい場合、どのように
すればよいでしょうか。あるグループごとに対する処理なのでGROUP BY句が利用で

きそうですが、残念ながらうまくいきません。GROUP BY句はデータを集約する際に利用するもので、サブジャンルごとの価格の最大値や平均値を求めるのには適していますが、**行の個別の値**に目を向けるものではありません。ここで利用できるのがWindow関数です。

▶ リスト10-32 サブジャンルごとの価格の高い書籍上位3件の取得

```sql
SELECT isbn,
       sub_genre_id,
       price,
       rank
  FROM (SELECT *,
               RANK() OVER
               (PARTITION BY sub_genre_id ORDER BY price DESC) AS rank
          FROM book) as t
 WHERE rank <= 3
 LIMIT 15;
```

FROM句にSELECT文が指定されています。これは第9章で学んだサブクエリです。実行結果は以下のとおりです。

▶ リスト10-33 サブジャンルごとの価格の高い書籍上位3件の取得（実行結果）

```
      isbn     | sub_genre_id | price | rank
--------------+--------------+-------+------
 4774118419   | 0101         |  4800 |    1
 4774111619   | 0101         |  3480 |    2
 477410969X   | 0101         |  3400 |    3
 9784774170398| 0102         |  3600 |    1
 9784774164595| 0102         |  3300 |    2
 4774120103   | 0102         |  3280 |    3
 4774115754   | 0103         |  6800 |    1
 4774115096   | 0103         |  3780 |    2
 477411152X   | 0103         |  3480 |    3
 9784774131337| 0103         |  3480 |    3
 4774121622   | 0103         |  3480 |    3
 9784774134215| 0103         |  3480 |    3
 9784774161303| 0104         |  3500 |    1
 9784774155005| 0104         |  3500 |    1
 9784774137872| 0104         |  3280 |    3
```

SELECT文の実行結果の`sub_genre_id`列と`rank`列に注目します。サブジャンルID「0101」の行に、`rank`が順に1、2、3と割り当てられています。サブジャンルID「0102」の行にも、同様に数値が割り当てられています。`rank`の値が小さいほど価格が高くなっているため、この数値はいわゆる**ランキング**の順位といえます。

サブジャンルID「0103」には、3位の行が複数存在します。これは同一の価格（3,480円）が複数存在するためです。サブジャンルID「0104」の場合は、3,500円の行が2行存在するため、1位が2つ存在します。次点のランクが3位になっているのは、2位が

スキップされたためです。

　取得結果が読み解けたところで、リスト10-32に目を向けます。SELECT文の中で、`RANK() OVER (PARTITION BY sub_genre_id ORDER BY price DESC)`がWindow関数に関連する記述です。

　ここで一度、Window関数に関連する構文について整理します。

▶ **リスト10-34** Window関数の構文

```
[Window関数] OVER (PARTITION BY [パーティション対象の列] ORDER BY [ソート対象の列])
```

　使用するWindow関数に続けて、OVER句を記述します。OVER句には**パーティション**をどのように作成するかを指定します。PARTITION BY句で、どの列を対象としてパーティションを作成するかを決定します。ORDER BY句は これまでに使用してきたものと同じ役割で、行のソートに関する指定を行います。

　リスト10-32で使用したWindow関数について整理すると以下のようになります。

- `sub_genre_id` ごとにテーブルを仕切る（パーティションの作成）
- `price` の降順で並べ替えます。このとき、並べ替え処理はパーティションごとに行われる
- `RANK()` 関数を適用しランクを付与する

　Window関数はランクを付与するところまでを担います。**上位3件**の絞り込みは、WHERE句（`rank <= 3`）を用いて行っています。このためサブクエリを使用する必要があります。

10-4-2 代表的なWindow関数

　`RANK()`を例にWindow関数の動作を確認したところで、代表的なWindow関数 について下記の表10-1にまとめます。

▶ **表10-1** 代表的なWindow関数

関数	解説
`RANK()`	パーティション内における行の順位を求める（順位重複後はその数分スキップする）
`DENSE_RANK()`	パーティション内における行の順位を求める（順位重複後はその数分スキップしない）
`ROW_NUMBER()`	パーティション内における行の行番号を求める

`RANK()`関数は本節ですでに使用しました。`DENSE_RANK()`関数は`RANK()`同様にランクを付与するWindow関数ですが、順位重複後の処理方法に違いがあります。サブジャンルID「0104」に限定して、まずは`RANK()`を用いて価格のランクを取得してみます。

▶ **リスト10-35** サブジャンルID「0104」の価格ランキング - ギャップあり

```sql
SELECT isbn,
       sub_genre_id,
       price,
       rank
  FROM (SELECT *,
               RANK() OVER
               (PARTITION BY sub_genre_id ORDER BY price DESC) AS rank
          FROM book) as t
 WHERE rank <= 3
   AND sub_genre_id = '0104'
 LIMIT 4;
```

実行結果は以下のとおりです。

▶ **リスト10-36** サブジャンルID「0104」の価格ランキング - ギャップあり（実行結果）

```
     isbn      | sub_genre_id | price | rank
---------------+--------------+-------+------
 9784774161303 | 0104         |  3500 |    1
 9784774155005 | 0104         |  3500 |    1
 9784774137872 | 0104         |  3280 |    3
 4774117366    | 0104         |  3280 |    3
```

価格3,500円の行が2行あるため、ランク1位が2つ存在します。続く行は、2位がスキップされ、3位から開始されます。この動作はすでに確認したものです。続いて、`DENSE_RANK()`を使用します。

▶ **リスト10-37** サブジャンルID「0104」の価格ランキング - ギャップなし

```sql
SELECT isbn,
       sub_genre_id,
       price,
       rank
  FROM (SELECT *,
               DENSE_RANK() OVER
               (PARTITION BY sub_genre_id ORDER BY price DESC) AS rank
          FROM book) as t
 WHERE rank <= 3
   AND sub_genre_id = '0104'
 LIMIT 4;
```

実行結果は以下のとおりです。

▶ **リスト10-38** サブジャンルID「0104」の価格ランキング - ギャップなし（実行結果）

```
     isbn      | sub_genre_id | price | rank
---------------+--------------+-------+------
9784774161303  | 0104         | 3500  |   1
9784774155005  | 0104         | 3500  |   1
9784774137872  | 0104         | 3280  |   2
4774117366     | 0104         | 3280  |   2
```

　ランク1位が2つ存在する点はRANK()を使用した場合と同様です。DENSE_RANK()の場合、続く順位が2位から始まっています。順位の重複によりスキップされる順位のことを**ギャップ**と呼びます。RANK()はギャップを含むランクを取得する関数で、DENSE_RANK()はギャップを含まないランクを取得する関数といえます。どちらも、ランクの算出方法はPARTITION BY句の中で指定されるORDER BY句に依存します。ORDER BY price ASCとした場合、価格の安い順のランキングが得られます。

　ROW_NUMBER()は、パーティション内の行番号を1から順に付与する関数です。

▶ **リスト10-39** ROW_NUMBER()の例

```sql
SELECT isbn,
       sub_genre_id,
       price,
       row_number
  FROM (SELECT *,
               ROW_NUMBER() OVER
               (PARTITION BY sub_genre_id ORDER BY price DESC) AS row_number
          FROM book) as t
 WHERE row_number <= 3
 LIMIT 12;
```

実行結果は以下のとおりです。

▶ リスト10-40 ROW_NUMBER()の例（実行結果）

```
      isbn     | sub_genre_id | price | row_number
---------------+--------------+-------+------------
4774118419     | 0101         | 4800  |          1
4774111619     | 0101         | 3480  |          2
477410969X     | 0101         | 3400  |          3
9784774170398  | 0102         | 3600  |          1
9784774164595  | 0102         | 3300  |          2
4774120103     | 0102         | 3280  |          3
4774115754     | 0103         | 6800  |          1
4774115096     | 0103         | 3780  |          2
477411152X     | 0103         | 3480  |          3
9784774161303  | 0104         | 3500  |          1
9784774155005  | 0104         | 3500  |          2
9784774137872  | 0104         | 3280  |          3
```

　価格の重複がある場合でも、順に数値が割り当てられています。このときの順序は
ORDER BY句の並べ替え結果に依存するため、並べ替え対象の列に同一の値が存在す
る場合、常に同じ結果になるとは限らない点に注意が必要です。RANK()やDENSE_
RANK()の場合、パーティション内で数値が重複する可能性がありますが、ROW_
NUMBER()の場合は重複しません。ROW_NUMBER()は、必ず指定した件数ずつ行を取得
したい場合には便利な関数です。

　本節では、Window関数についての解説を行いました。Window関数を使うこ
とで、ランキング計算のような集計処理が一度に行えます。各Window関数の
動作の違いを把握しておき、用途に応じて使い分けるようにしてください。

Column　WITH句を使ったSELECT文

　あるSELECT文の結果をさらにSELECT文の対象としたい場合、サブクエリが利用できると第9章で説明しました。しかしサブクエリを利用すると、「副」の部分が入れ子になってしまい、少し見通しが悪いSQLになってしまいます。サブクエリを使うSELECT文は、WITH句を利用して読みやすく書き換えることができます。たとえば、225ページのリスト9-9をWITH句を使って書き換えると、次のように書くことができます。

▶リスト10-41　WITH句を使って書籍情報とサブジャンルの平均価格を取得

```
WITH sub AS (
    SELECT sub_genre_id,
           ROUND(AVG(price)) AS avg_price
      FROM book
     GROUP BY sub_genre_id
)
SELECT b.title,
       b.sub_genre_id,
       b.price,
       sub.avg_price
  FROM book b
  LEFT JOIN sub
    ON b.sub_genre_id = sub.sub_genre_id
 ORDER BY b.isbn
 LIMIT 5;
```

　WITH句を利用したSELECT文では、はじめにWITH句を記述します。WITH句には、SELECT文およびそのSELECT文の名称を記述します。WITH sub AS (...) の場合、subが名称です。ASに続けてSELECT文を記述します。WITH句に記述するSELECT文は、サブクエリを使った場合に入れ子になる、SELECT文の「副」の部分です。

　WITH句に続いてサブクエリを使ったSELECT文の「主」にあたる部分を記述します。WITH句とSELECT句をセミコロンで分断しないように注意してください。サブクエリを使う場合、LEFT JOIN句の対象がSELECT文でした。WITH句を使う場合、WITH句で定義した名称subを対象にします。「主」にあたるSELECT文のほかの記述は同等です。

　このSQLを実行すると、サブクエリを使った場合と同じ結果が得られます（225ページのリスト9-10と同じ結果）。WITH句を利用するとサブクエリを分解し、入れ子のない見通しのよいSQLが記述できます。WITH句は複数のSELECT文の定義を行えたり、SELECT文以外でも利用できたりと活用場面の広い構文です。サブクエリを書き換えるところからはじめ、WITH句に慣れてみてください。

10-5 一歩進んだINSERT文〜ON CONFLICT

本節ではあらためてINSERT文を取り上げます。INSERT文には、データ重複時の制御に関わるON CONFLICT句というオプションがあります。これを使って、エラーを無視する方法、INSERT文をUPDATE文に切り替える方法を紹介します。

10-5-1 重複時のエラーを無視する

第4章では、b2テーブルに行を挿入する際、ISBNコードが重複した際にエラーが発生した例を解説しました。

▶**リスト10-42** INSERT時のデータ重複エラー

```
INSERT INTO b2 (id)
VALUES (3),
       (3),
       (4);
```

上記のINSERT文を実行すると、「ERROR: duplicate key value violates unique constraint "b2_pkey"」というエラーが発生します。b2テーブルの**id**列は値の重複を許容しないためです。

エラーが発生したINSERT文では、重複のなかった行も含めて、すべての行が登録されません。重複を許容しないといったデータベースの制約は不正なデータの混入を防ぐ上で重要なものですが、データをまとめて登録する際に、重複エラーが発生した場合は無視しそれ以外のものは登録したい場合があります。そこで利用できるのが**ON CONFLICT句**です。

▶ リスト10-43 ON CONFLICT句を使用して重複エラーを無視

```
INSERT INTO b2 (id)
VALUES (3),
       (3),
       (4)
    ON CONFLICT (id) -- ISBNコードの重複時
    DO NOTHING; -- 何もしない（エラーを無視）
```

`ON CONFLICT (id) DO NOTHING`という記述が、「ISBNコードが重複して登録されようとした場合、無視する」という指示の箇所です。上記のINSERT文を実行してもエラーは発生しません。INSERT後の**b2**テーブルの状態は以下のとおりです。

▶ リスト10-44 INSERT文実行後の結果を確認

```
SELECT *
  FROM b2
 ORDER BY id ASC;
```

▶ リスト10-45 ON CONFLICT句を使用して重複エラーを無視（実行結果）

```
id |    title    | published_at
---+-------------+--------------
 3 | タイトル未定 |
 4 | タイトル未定 |
```

エラーは発生せず2行だけが登録されました。

繰り返しになりますが、重複エラーはデータの管理上重要な制約です。単にエラーが煩わしいからという理由ではON CONFLICT句を利用しないでください。

10-5-2 データを挿入または更新する

ON CONFLICT句には別の使い道があります。ON CONFLICT句は、INSERT文の実行時、既存行があった場合は行を更新し、既存行がない場合は行を挿入するという動作をとりたい場合にも利用できます。この挙動は、**UPDATEまたはINSERT**を行うことから**UPSERT**と呼ばれます。

▶ リスト10-46 ON CONFLICT句を使用してUPSERT

```
INSERT INTO b2 (id, title)
VALUES (3, '既存行がなければ新規登録')
    ON CONFLICT (id) -- ISBNコードの重複時
    DO UPDATE SET title = '既存行があれば更新'; -- UPDATE を実行
```

重複エラーを無視する場合と`ON CONFLICT (id)`の部分は同じですが、`DO UPDATE SET title = '既存行があれば更新'`の箇所が異なります。重複エラーが発生した場合、INSERT文ではなくUPDATE文に切り替えるという指示が記述されています。実行結果は以下のとおりです。

▶ **リスト10-47** UPSERT実行後の結果を確認

```
SELECT *
  FROM b2
 ORDER BY id ASC;
```

▶ **リスト10-48** ON CONFLICT句を使用してUPSERT（実行結果）

```
id |        title        | published_at
----+---------------------+---------------
 3 | 既存行があれば更新  |
 4 | タイトル未定        |
```

IDが「3」の行がすでに存在していたため、INSERTの代わりに`DO UPDATE SET title = '既存行があれば更新'`の部分が実行され、行が更新されました。

ON CONFLICT句を使用しない場合、新規の行か既存の行かを確かめるためには、一度テーブルに対してSELECT文を実行しその結果に応じて続くSQLを切り替える必要があります。ON CONFLICT句によるUPSERTでは、一度のINSERT文で処理を完結できます。

Column ほかのRDBMSでのUPSERT

MySQLでは、ON DUPLICATEでUPSERTを行えます。Microsoft SQL ServerやOracleではMERGEを利用します。

本節では、INSERT文の中でON CONFLICT句を使用して、INSERT文の動作を変更する方法について解説しました。ON CONFLICT句は、SQLの学習過程では必要性をあまり感じないかもしれませんが、実際のシステム開発では重宝する場面があります。頭の片隅にとどめておくとよいでしょう。

10-6

トランザクションの基本

本節では、トランザクションについて解説を行います。トランザクションはデータの一貫性や独立性を保つために重要な機能です。「書籍の購買」を想定としたデータベースに対する処理で、トランザクションの機能の基本について確認していきます。

10-6-1 トランザクションとは

トランザクション（Transaction） とは、**取引**を意味する言葉です。オンラインショッピングサイトで商品を購入したり、銀行口座から預金を出金したりすることが取引の一例です。データベースの世界では、データ処理の一貫性を担保するために**一連の独立した処理**を**ひとまとまり**として扱うことを指します。

トランザクションが扱う「一連の独立した処理」とはどのようなことかを理解するために、オンライン書店で書籍を購買する例を取り上げます。

書籍の購買を管理するためには、大まかに以下の情報を扱う必要があります。

・書籍のマスタ情報（ISBN コードやタイトル、価格）
・書籍の在庫情報（書籍があと何冊在庫にあるか、出荷可能か、などの情報）
・書籍の購買情報（誰がいつどの書籍を購買したか、などの情報）

電子書籍ではなく紙媒体の書籍を販売する場合、書籍を発送するには物理的な**在庫**が必要です。在庫がないにもかかわらず**取引**を成立させてしまうと、商品が届けられない、代金を返金しなければならないといった問題が発生します。したがって在庫情報はできるだけ正確で最新の状態であることが求められます。

1冊の書籍に対する購買が発生する場合、以下の流れでデータベースに対する処理を行います。

1. 書籍の購買情報を記録する
2. 今回購買対象になった書籍の在庫数を－1する

上記の処理は、一貫して行われる必要があります。書籍の購買情報が記録されたにもかかわらず、在庫数が変更されないということが起こると、実際の在庫数とデータベース上の在庫数がずれてしまいます。書籍の購買情報が記録されていないにもかかわらず在庫数が変更されてしまっても、同様に不整合が生じます。したがって、上記の1と2は**両方とも行われるか、両方とも行われないか**のいずれかである必要があります。これは**ACID特性**のうちのAtomicity（原子性）にあたります。ACID特性とはトランザクションに必要とされる要素を定義したものです。要素となるAtomicity、Consistency、Isolation、Durability の頭文字をとりACIDと呼ばれます。Atomicity以外の特性についての解説は本書では行いませんが、興味のある方は調べてみてください。また、1と2はそれぞれ対象のテーブルが異なり、処理としては独立しています。SQLが文として別々であるといい換えてもよいです。こうしたものが**一連の独立した処理**であるといえます。

　トランザクションの例としてよく引き合いに出されるのが、銀行口座を使った送金です。Aさんの銀行口座からBさんの銀行口座へお金を振り込む場合、データベースとしては、Aさんの銀行口座の金額をマイナスし、Bさんの銀行口座の金額をプラスする必要があります。もし片方の処理だけが行われもう片方が失敗したとしたら、本来行いたいのはお金の移動であるはずなのに、銀行全体のお金の量が増えるか減るかしてしまいます。これも、一連の独立した処理といえます。

　トランザクションの概要について、イメージできたでしょうか。トランザクションのしくみを利用して、一連の独立した処理をひとまとまりとして管理する目的は、データの一貫性を担保するためです。データの一貫性を担保するための機能として、**コミット（Commit）**と**ロールバック（Rollback）**があります。

10-6-2 コミットとロールバック

　先に**ロールバック**について説明します。ロールバックとは、トランザクションの開始時点に処理を巻き戻す（取り消す）ことを指します。「書籍の購買情報が記録されたにもかかわらず、在庫数が変更されない」という状態が発生したとします。処理の途中でシステム障害が発生した、データベースの過負荷により処理が行われなかった、などの状況によりそのような状態が発生することがあります。その場合、データ処理の一貫性を保つためにロールバックを行います。

1. トランザクションの開始
2. 書籍の購買情報が記録された
3. **今回購買対象になった書籍の在庫数が −1 されなかった**

4. ロールバックしてトランザクションを終了

　ロールバックが行われたことで、成功した処理「2.書籍の購買情報が記録された」についても処理内容が取り消されます。これにより、一方のデータだけが変更されてしまうことを防止できます。

　コミットは、処理内容を確定させることを指します。購買情報と在庫情報がどちらも更新された場合は処理を確定する必要があります。

1. トランザクションの開始
2. 書籍の購買情報が記録された
3. 今回購買対象になった書籍の在庫数が－1された
4. コミットしてトランザクションを終了

　コミットすることにより、書籍の購買情報と書籍の在庫情報があわせて更新されます。
　なお、実際のオンラインショッピングのデータ管理では、大量の取引を正常に成功させるためや購買者にストレスを与えないために、いくつかのシステム上の工夫を行っている場合があります。ここで挙げたトランザクションの管理例はあくまで簡易的なものです。
　トランザクションの概念について学んだところで、実際にデータベースでトランザクションを扱ってみましょう。

10-6-3 トランザクションの利用

　トランザクションの動作を確認するために、`purchase_log`テーブルと`stock`テーブルを利用します。`purchase_log`は購買情報を記録するためのテーブルです。`stock`テーブルは在庫情報を管理するテーブルです。初期状態では、`purchase_log`テーブルは空の状態です。`stock`テーブルには1行のみ登録されています。

▶ **リスト10-49**　stockテーブルの初期状態を確認

```
SELECT *
  FROM stock;
```

　実行結果は以下のとおりです。

```
 isbn | stock |       created_at        |       updated_at
------+-------+-------------------------+-------------------------
  1   |    10 | 2017-12-10 08:43:24.633123 | 2017-12-10 08:43:24.633123
```

　ISBNコードが「1」の書籍の在庫が10冊あるという状態です。「1」というISBNコードは本来存在しませんが、SQLを短く保つためにここでは利用します。

　以下の一連のSQLは、**トランザクションの開始からロールバックまで**を行うものです。

▶ リスト10-51 ロールバックを行う

```sql
START TRANSACTION; -- トランザクションの開始

-- 購買情報の挿入
INSERT INTO purchase_log (isbn, user_id, amount)
VALUES ('1', 'user1', 3240);

-- この時点での purchase_log の状態を確認
SELECT isbn,
       user_id,
       amount
  FROM purchase_log;

-- 在庫情報の更新
UPDATE stock
   SET quantity = quantity - 1,
       updated_at = CURRENT_TIMESTAMP
 WHERE isbn = '1';

-- この時点での stock の状態を確認
SELECT isbn,
       quantity
  FROM stock;

ROLLBACK; -- ロールバックしてトランザクションを終了
```

　上記のリスト10-51の途中のSELECT文では、トランザクション内のテーブルの内容が取得できます。

　purchase_logテーブルには、INSERT文で挿入した1行が存在します。

▶ リスト10-52 トランザクション中のpurchase_logテーブル

```
 isbn | user_id | amount
------+---------+---------
  1   | user1   |   3240
```

　stockテーブルに対してはUPDATE文が実行されています。quantity = quantity - 1により、UPDATE実行時のquantityの値を−1した値が更新されています。初期

状態でquantityは10でしたので、結果は9です。

▶ リスト10-53　トランザクション中のstockテーブル

```
 isbn | quantity
------+-----------
  1   |      9
```

　リスト10-51を最後の一行ROLLBACK;まで実行したところで、再度purchase_logテーブルに対してSELECT文を実行してみます。

▶ リスト10-54　ロールバック後のpurchase_logテーブル

```
SELECT isbn,
       user_id,
       amount
  FROM purchase_log;
```

　すると、先ほどは取得できた1行が取得できないことがわかります。

▶ リスト10-55　ロールバック後のpurchase_logテーブル（実行結果）

```
 isbn | user_id | amount
------+---------+---------
```

　stcok テーブルの状態も確認します。

▶ リスト10-56　ロールバック後のstockテーブル

```
SELECT isbn,
       quantity
  FROM stock;
```

　実行結果は以下のとおりです。

▶ リスト10-57　ロールバック後のstockテーブル（実行結果）

```
 isbn | quantity
------+-----------
  1   |     10
```

　9になっていたquantityが10に戻っていることがわかります。INSERT文とUPDATE文で行った処理が、どちらも取り消されています。これはROLLBACKを行ったためです。

　続いて**トランザクションの開始からコミット**までを行う一連のSQLを以下に示します。

▶リスト10-58 コミットを行う

```
START TRANSACTION;

INSERT INTO purchase_log (isbn, user_id, amount)
VALUES ('1', 'user1', 3240);

-- 在庫情報の更新
UPDATE stock
   SET quantity = quantity - 1,
       updated_at = CURRENT_TIMESTAMP
 WHERE isbn = '1';

COMMIT; -- コミットしてトランザクションを終了
```

INSERT文およびUPDATE文はリスト10-51と同様です。トランザクション内の
SELECT文は、結果が同じですので省略しています。

`COMMIT;`まで実行したら、`purchase_log`テーブルにSELECT文を実行してみましょ
う。

▶リスト10-59 コミット後のpurchase_logテーブル

```
SELECT isbn,
       user_id,
       amount
  FROM purchase_log;
```

実行の結果、以下の1行が取得できます。

▶リスト10-60 コミット後のpurchase_logテーブル（実行結果）

```
 isbn | user_id | amount
------+---------+---------
  1   | user1   |   3240
```

続いてstockテーブルを確認します。

▶リスト10-61 コミット後のstockテーブル

```
SELECT isbn,
       quantity
  FROM stock;
```

実行の結果は以下のとおりです。

```
isbn | quantity
------+----------
  1  |    9
```

quantityの値が10から9に変更されていることが確認できました。コミットした時点でトランザクションが終了し、以後ロールバックを行うことはできません。

ロールバックでは、トランザクション中で行った処理が取り消されました。逆にコミットでは、トランザクション中で行った処理が確定され、テーブルの内容が変更されました。コミットとロールバックそれぞれの動作が確認できました。

Column　オートコミット

本節では、トランザクションが開始されることをSTART TRANSACTIONという一文で宣言しています。トランザクション中に処理を確定したい場合、COMMITを実行しました。しかし、INSERT文やUPDATE文、DELETE文を学んだ際、START TRANSACTOINもCOMMITも実行していないにもかかわらず、SQLの内容がテーブルに反映されていました。この理由は、PostgreSQLのデフォルト設定が**オートコミット**に設定されているためです。

オートコミットとは、START TRANSACTIONが省略された場合に、発行されたSQL1つずつを自動的にコミットする振る舞いのことです。オートコミットが有効になっていると、トランザクションの開始やコミットを明示的に行わなくても、SQLの内容がテーブルに反映されます。オートコミットは設定により無効にできますが、オートコミットが有効な状態でもトランザクション機能は利用できるため、通常は有効のまま利用します。

10-6-4 トランザクションの隔離レベル

コミットとロールバックを使い、トランザクションの機能を確認しました。トランザクションにはもう1つ重要な、**隔離**という機能があります。隔離は分離と呼ばれることもあります。

オンライン書店で、在庫数が残り1冊の書籍があったとします。その書籍に対して**ほとんど同時に**複数のユーザーが購買行動をしたとき、どのようになるでしょうか。あるいは、どのようになるべきでしょうか。

トランザクション中のテーブルに対する変更が、**ほかのトランザクションからどのように見えるか**について定義するのが、**トランザクション隔離レベル（トランザクション分離レベル）**です。PostgreSQLでは、以下の4つの隔離レベルを利用できます。

- READ UNCOMMITTED
- READ COMMITTED
- REPEATABLE READ
- SERIALIZABLE

　トランザクションの隔離レベルによって、どの時点の、テーブルの状態が取得されるかが異なります。PostgreSQLのデフォルトは**READ COMMITTED**です。隔離レベルは`SET TRANSACTION`コマンドで変更できます。

　本書では、トランザクションの隔離レベルについてはこれ以上取り扱いません。隔離レベルの動作の違いを確認するには、複数のトランザクションを作成してそれぞれでSQLを実行するという操作が必要であるからです。しかしながらWebアプリケーションのようにテーブルに対する挿入処理や更新処理が連続して行われる可能性のある場面では、トランザクションの隔離レベルへの理解は必要不可欠なものです。トランザクションの隔離レベルが存在するという点だけは覚えておいてください。

本節では、データベースの処理に一貫性を持たせるためのトランザクションについて解説しました。コミットやロールバックを使ったとき、トランザクション内で行った処理が最終的にどのように扱われるのか確認できました。隔離レベルまで含めると、トランザクションのしくみを理解するには知識と経験が必要です。まずは本節で解説した内容をトランザクションの基本として押さえておきましょう。

Chapter **11**

データベースと
テーブルの操作

本書ではこれまで、すでに存在するデータベースとテーブルを利用してきました。本章では、データベースとテーブルの作成や変更について取り扱います。テーブル作成に必要なテーブル定義を行うにあたり、プライマリキーや外部キーなどの列に付与する制約についても解説しています。

11-1 データベースの作成と削除

本節では、データベースの作成と削除を行います。データベースを作成するCREATE DATABASEと、データベースを削除するDROP DATABASEについて、オプションとともに使い方を解説します。

11-1-1 データベース・オブジェクト

RDBMSには、テーブルやVIEW、列など、SQLを通じてアクセスできるさまざまな**モノ**が存在します。それらモノのことを**データベース・オブジェクト**と呼称します。このことは第1章でも説明しました。

データベース・オブジェクトには、包含関係を持つものがあります。たとえば「列」は、必ず「テーブル」に所属します。「テーブル」は、「データベース」に所属します。本節でいう「データベース」は、RDBMS全体や抽象的なデータの集合のことを指すのではなく、データベース・オブジェクトとしての具体的な「データベース」のことを指します。なお、PostgreSQLやSQL Serverなどは、テーブルの上位に**スキーマ**というデータベース・オブジェクトが存在しますが、本書では解説の対象外とします。

簡易的な理解として、RDBMSのデータベース・オブジェクトは以下の包含関係を持っています。

▶**リスト11-1** データベースオブジェクトの包含関係

```
データベース → テーブル → 列
```

したがって、「列」を作成するには、その所属先である「テーブル」を作成する必要があります。「テーブル」を作成するには、その所属先である「データベース」を作成する必要があります。本章では、これらのデータベース・オブジェクトを扱う方法を学んでいきます。

11-1-2 データベースの作成

　データベースを作成する前にすでにあるデータベースを確認しましょう。既存のデータベース一覧を取得するには、メタコマンド\l（小文字のエル）を使用します。実行結果は以下のとおりです。

▶**リスト11-2** データベース一覧

```
    Name     |  Owner   | Encoding | Collate     |   Ctype     |   Access privileges
-------------+----------+----------+-------------+-------------+----------------------
 learning_sql | postgres | UTF8     | en_US.utf8  | en_US.utf8  |
 postgres     | postgres | UTF8     | en_US.utf8  | en_US.utf8  |
 template0    | postgres | UTF8     | en_US.utf8  | en_US.utf8  | =c/postgres          +
              |          |          |             |             | postgres=CTc/postgres
 template1    | postgres | UTF8     | en_US.utf8  | en_US.utf8  | =c/postgres          +
              |          |          |             |             | postgres=CTc/postgres
```

　postgresやtemplate0、template1は最初から作成されているデータベースです。ここに新たにデータベースを作ります。データベースを新規に作成するにはCREATE DATABASEを使用します。

▶**リスト11-3** データベースmy_dbを作成

```
CREATE DATABASE my_db;
```

　CREATE DATABASEの後に、任意のデータベース名を指定します。データベースの作成時には、文字コードや所有者、ロケールといったいくつかのオプションが指定できます。データベースを適切に管理、運用するために必要なオプションが含まれますが、まずSQLを学ぶためのデータベースを作成する目的においては、デフォルトの設定を使用して問題ありません。

　リスト11-3の実行後、CREATE DATABASEと表示されれば正常にデータベースが作成されています。再びメタコマンド\lを実行すると、データベースが作成されていることがわかります。

▶**リスト11-4** CREATE DATABASE後のデータベース一覧

```
    Name     |  Owner   | Encoding | Collate     |   Ctype     |   Access privileges
-------------+----------+----------+-------------+-------------+----------------------
 learning_sql | postgres | UTF8     | en_US.utf8  | en_US.utf8  |
 my_db        | postgres | UTF8     | en_US.utf8  | en_US.utf8  |
 postgres     | postgres | UTF8     | en_US.utf8  | en_US.utf8  |
 template0    | postgres | UTF8     | en_US.utf8  | en_US.utf8  | =c/postgres          +
              |          |          |             |             | postgres=CTc/postgres
 template1    | postgres | UTF8     | en_US.utf8  | en_US.utf8  | =c/postgres          +
              |          |          |             |             | postgres=CTc/postgres
```

この時点では、作成したデータベース my_db は選択されていません。データベース接続時に利用した learning_sql が選択されています。データベースを切り替えるには、メタコマンド \c を利用します。

▶ **リスト11-5** データベースを my_db に切り替え

```
\c my_db
```

実行の結果、「You are now connected to database "my_db" as user "postgres".」と表示されれば成功です。

データベース my_db を選択した後に、メタコマンド \dt を実行します。\dt はテーブル一覧を表示するメタコマンドです。すると、「No relations found.」というメッセージのみが表示されます。データベース my_db には、まだテーブルが作成されていないためです。

11-1-3 データベースの削除

データベースの削除を行うには、DROP DATABASE を使用します。DROP DATABASE を実行すると、直ちにデータベースが削除されます。データベースに所属するテーブルや、テーブルに含まれるデータもすべて削除されます。くれぐれも誤って実行することのないようにしてください。

▶ **リスト11-6** データベース my_db を削除

```
DROP DATABASE my_db;
```

DROP DATABASE の後に、削除対象のデータベース名を指定します。メタコマンド \c を使用して my_db を選択した状態では、データベースを削除することはできません。cannot drop the currently open database というエラーが表示されます。そこで、別のデータベース postgres に切り替えてから、あらためて DROP DATABASE を行います。

▶ **リスト11-7** データベースを postgres に切り替えてから my_db を削除

```
\c postgres
DROP DATABASE my_db;
```

実行の結果、DROP DATABASE と表示されていれば、データベースの削除に成功しています。メタコマンド \l でデータベースの一覧を確認しましょう。

▶リスト11-8　DROP DATABASE後のデータベース一覧

```
    Name     |  Owner   | Encoding |  Collate   |   Ctype    |   Access privileges
-------------+----------+----------+------------+------------+----------------------
 learning_sql | postgres | UTF8    | en_US.utf8 | en_US.utf8 |
 postgres    | postgres | UTF8     | en_US.utf8 | en_US.utf8 |
 template0   | postgres | UTF8     | en_US.utf8 | en_US.utf8 | =c/postgres          +
             |          |          |            |            | postgres=CTc/postgres
 template1   | postgres | UTF8     | en_US.utf8 | en_US.utf8 | =c/postgres          +
             |          |          |            |            | postgres=CTc/postgres
```

`my_db`が削除されていることがわかります。

11-1-4 IF EXISTS

　データベース作成時に、指定したデータベース名と同名のデータベースがすでに作成されているとエラーが発生します。反対にデータベース削除時に、指定したデータベースが存在しないとエラーが発生します。

　システムの開発環境やSQLを学習する環境では、データベースの削除と再作成を頻繁に行う場合があります。そのような場合、**IF EXISTS**オプションの利用が検討できます。`DROP DATABASE`に`IF EXISTS`オプションを付与すると、**データベースが存在する場合のみ**データベース削除処理が実行されます。

▶リスト11-9　IF EXISTSを使用

```
\c postgres
-- データベースの有無に関わらず、DROP DATABASE はエラーにならない
DROP DATABASE IF EXISTS my_db;
CREATE DATABASE my_db;
```

　`my_db`が存在する場合、`DROP DATABASE`により`my_db`が削除されたのちに、`CREATE DATABASE`によって`my_db`が作成されます。`my_db`が存在しない場合、「NOTICE: database "my_db" does not exist, skipping」というメッセージが表示されます。このメッセージはエラーではなく注意書き程度に内容を伝えるものです。その後、`CREATE DATABASE`により`my_db`が作成されます。リスト11-9のように`IF EXISTS`を利用することで、データベースの有無にかかわらず、常に新たな`my_db`が作成できます。

本節では、データベースを新規作成するCREATE DATABASEと、データベースを削除するDROP DATABASEについて学びました。CREATE DATABASEは次節でも使用するので、ここで覚えておきましょう。

11-2 テーブルの作成と削除

これまでSQLを学ぶにあたり、すでに存在するテーブルを利用してきました。本節では、データベースのテーブルの作成方法について解説を行います。テーブル作成には、第5章で解説したデータ型に関する知識が必要になります。

11-2-1 テーブルの作成

　テーブルを作成するにあたり、あわせて**列の定義**を行う必要があります。まず、どのようなデータを管理したいかを考えます。「書籍」を管理したい、「従業員」を管理したい、「書籍の購買」を管理したい、などが挙げられます。データを入れる「入れ物」がテーブルです。テーブル作成時に**テーブル名**を決定します。書籍であれば「book」テーブル、従業員であれば「employee」テーブル、購買であれば「purchase」テーブルなど、データの性質を端的に表す命名が適当です。

　テーブル名を決めたら、テーブルに含まれるデータを構成する要素としてどのようなものがあるのかを考えます。「書籍」であれば、「書名」や「著者名」がまず思い付くでしょう。データを構成する要素を、**列**として定義します。列もテーブルと同様に、その性質から**列名**を決定します。書名であれば「title」、著者名であれば「author」などが列名の候補になります。

　列の定義において重要な点として、**列のデータ型**を定める必要があることが挙げられます。データ型は第5章で学んだ内容です。また、データ型とあわせ**制約**を指定できます。**制約**については次節で解説します。

　テーブル名と列名、列のデータ型や制約などを記した情報のことを**テーブル定義**と呼びます。テーブルを作成するにあたり、前節で作成し、削除したデータベース`my_db`を再度作成します。データベースの作成と削除は前節で学んだ内容ですが、本節であらためて実施します。

▶ **リスト11-10** my_dbの作成

```
\c postgres
DROP DATABASE IF EXISTS my_db;
CREATE DATABASE my_db;
\c my_db
```

my_dbを作成した時点では、テーブルは作成されていません。テーブル一覧はメタコマンド\dtで取得できます。\dtと実行すると「Did not find any relations.」と出力されます。テーブルが存在しないことを意味しています。

テーブル作成に移ります。テーブルを作成するには**CREATE TABLE**を使用します。

▶ **リスト11-11** my_bookテーブルを作成

```
CREATE TABLE my_book (
  isbn  VARCHAR(13) PRIMARY KEY,
  title VARCHAR(191),
  price INT
);
```

CREATE TABLEに続けて、テーブル名を指定します。テーブル名はRDBMSに許容される文字の種類の組み合わせであれば、任意の名称を付与できます。テーブル名に続いて、括弧で囲った中に列の定義について記述します。isbn VARCHAR(13) PRIMARY KEYやtitle VARCHAR(191)が該当します。列ごとに、カンマ（,）で区切って記述します。ただし最後の定義にはカンマは不要です。この点はSELECT句におけるカンマの付与規則と共通です。

1つ目の列定義isbn VARCHAR(13) PRIMARY KEYに注目します。isbnが列名です。書籍のISBNコードを管理するので、「isbn」としました。VARCHAR(13)がデータ型です。VARCHARについては、第5章で扱ったデータ型で、この場合最大13文字を格納できる文字型です。ISBNコードは国際ISBN機関により、13桁のコードを持つという規則性が定められています。古い規格では、桁数は13桁ではなく10桁だったため、10桁のコードしか持たない書籍も中には存在しますが、長いほうの桁数に合わせてVARCHAR(13)としています。priceは価格を扱う列です。数値として扱いたいので、INTを指定しました。INTは数値データ型の1つで、こちらも第5章で登場しました。

PRIMARY KEYは、isbn列が**プライマリキー**であることを示す役割を持ちます。プライマリキーについては次節で解説します。

それではリスト11-11を実行してみましょう。CREATE TABLEと表示されれば成功です。括弧の閉じ忘れや列の過不足があると、構文エラーを示す「syntax error」が発生します。

新しいテーブルの作成はうまくいったでしょうか。ここであらためてテーブル一覧を\dtで取得してみます。

テーブル一覧を取得（my_book作成後）

```
         List of relations
 Schema | Name   | Type | Owner
--------+--------+------+----------
 public | my_book | table | postgres
```

テーブル一覧の中にmy_bookが含まれるようになりました。今度はテーブル定義を確認してみましょう。作成したテーブルの定義はメタコマンド\dを利用して確認できます。

my_bookのテーブル定義を確認

```
\d my_book
```

実行結果は以下のとおりです。

my_bookのテーブル定義を確認（実行結果）

```
          Table "public.my_book"
 Column |          Type          | Modifiers
--------+------------------------+-----------
 isbn   | character varying(13)  | not null
 title  | character varying(191) |
 price  | integer                |
Indexes:
    "my_book_pkey" PRIMARY KEY, btree (isbn)
```

my_bookテーブルが作成されていることがわかります。

これでSELECT文やINSERT文の対象にできます。my_bookテーブルに対してSELECT文を実行してみましょう。

my_bookテーブルにSELECT文を実行

```
SELECT *
  FROM my_book;
```

実行結果は以下のとおりです。

my_bookテーブルにSELECT文を実行（実行結果）

```
 isbn | title | price
------+-------+--------
```

まだデータを登録していないため行は取得できませんが、SELECT文が実行できました。ここまでくれば、本書でこれまでに扱ってきたbookテーブルやほかのサンプルテーブルと同じように扱えます。

11-2-2 テーブルの削除

　テーブルを削除するには **DROP TABLE** を使用します。`DROP DATABASE`同様、削除したテーブルは元に戻せないため、慎重に行ってください。

▶リスト11-17 my_bookテーブルを削除

```
DROP TABLE my_book;
```

　実行の結果`DROP TABLE`と表示されれば削除が完了しています。テーブル一覧をメタコマンド`\dt`で確認すると、再び「Did not find any relations.」と出力されます。テーブルを削除した時点で、テーブルに含まれていたデータは失われ、SELECT文を実行しても「ERROR: relation "my_book" does not exist」というエラーが戻ってくるのみとなります。

11-2-3 IF (NOT) EXISTS

　すでに存在するテーブル名を指定して`CREATE TABLE`を実行したり、存在しないテーブル名を指定して`DROP TABLE`を実行したりするとエラーが発生します。前節では`DROP DATABASE`を実行する際のオプションとして **IF EXISTS** を紹介しました。`IF EXISTS`オプションはテーブルの削除時にも指定できます。また、`CREATE TABLE`に **IF NOT EXISTS** というオプションを付与できます。`IF NOT EXISTS`は`IF EXISTS`とは逆の働きをします。つまり、**テーブルが存在すれば何も行わず、テーブルが存在しなければ作成する**という動作をします。

▶リスト11-18 IF (NOT) EXISTS を指定してテーブル作成

```
DROP TABLE IF EXISTS my_book;

CREATE TABLE IF NOT EXISTS my_book (
  isbn  VARCHAR(13) PRIMARY KEY,
  title VARCHAR(191)
);
```

　`CREATE TABLE`および`DROP TABLE`を上記のようにすると**冪等性（べきとうせい）**のあ

るSQLとして利用できます。冪等性とは数学の用語で、ある操作を何度行っても結果が同一になることを**冪等性がある**と表現します。**IF EXISTS**および**IF NOT EXISTS**を指定しない場合、テーブル有無の状態によって**CREATE TABLE**や**DROP TABLE**が成功したり失敗したりします。これは冪等性のない処理といえます。データベースの作成や削除、テーブルの作成や削除を頻繁に行う場合、冪等性という考え方を頭の片隅に置いておくとよいでしょう。

11-2-4 初期値

　テーブル作成を行うCREATE TABLEでは、各列に対して**初期値（DEFAULT VALUE）**を指定できます。初期値は、INSERT文で行が新規挿入される際、列の値が明示されなかった場合に採用される値です。第4章で、**b2**テーブルに行を挿入する際、指定しなかった**title**列に自動的に「タイトル未定」という文字列が挿入されたことを思い出してください。これが 初期値の働きです。初期値は、以下のようにして指定できます。

▶リスト11-19 title列に初期値を指定

```
DROP TABLE IF EXISTS my_book;

CREATE TABLE IF NOT EXISTS my_book (
  isbn  VARCHAR(13) PRIMARY KEY,
  title VARCHAR(191) DEFAULT 'タイトル未定' -- 初期値を指定
);
```

　初期値は、データ型の定義に続けて定義します。対象の列が持つデータ型の許容する値であれば、どのような値でも指定できます。

本節では、テーブルの作成と削除について学びました。テーブル作成には、テーブル定義が必要なことを確認しました。テーブル定義は、データをどのように管理していくかという方針や設計書そのものです。次節では、テーブル定義に必要な制約についての解説を行います。

11-3 制約

本節では、列の制約について解説します。制約は列に対する制限であると同時に、テーブルや列の役割や性質を明確にする役割も担います。列に制約をかけることで、その中のデータがどんなものか想像しやすくなります。

11-3-1 制約とは

制約（constraint）とは、テーブルの列が持ちうる値に対して、一定の制限をかけることを指します。制約には「重複してはいけない」「NULLであってはいけない」「ほかのテーブルの指定した列に存在する値でなくてはいけない」といったいくつかの種類があります。**制約**はテーブル作成時に列に対して指定します。ここからは代表的な制約を解説していきます。

11-3-2 NOT NULL

NOT NULL制約を指定された列には、NULLを登録できなくなります。NULLについては、第5章で解説しました。NOT NULL制約を付与する`CREATE TABLE`を以下に示します。

▶リスト11-20 NOT NULL制約を付与する

```
DROP TABLE IF EXISTS my_book;
CREATE TABLE my_book (
    id INT NOT NULL
);
```

制約は、データ型の次に指定します。`id INT NOT NULL`の場合、`id`が列名、`INT`がデータ型です。`NOT NULL`が列に対して制約を指定している部分です。NOT NULL制約が課せられた列にNULLを登録してみます。

▶リスト11-21 NOT NULL制約に対しNULLをINSERT

```
INSERT INTO my_book (id)
VALUES (NULL);
```

実行すると以下のエラーが発生します。

▶リスト11-22 NOT NULL制約に対しNULLをINSERT（実行結果）

```
ERROR:  null value in column "id" violates not-null constraint
DETAIL:  Failing row contains (null).
```

NULLが登録できなくなりました。

NULLが特殊なものであることは第5章でも言及していますが、NULLを濫用することは推奨されません。NULLを利用する明確な理由がある場合を除いて、**NOT NULL**を指定しておくことをおすすめします。

11-3-3 UNIQUE

UNIQUE制約は、データの重複に関する制約です。UNIQUE制約が指定された列は、データの重複を許容しなくなります。

UNIQUE制約は以下のように付与します。

▶リスト11-23 UNIQUE制約を付与する

```
DROP TABLE IF EXISTS my_book;
CREATE TABLE my_book (
    id INT UNIQUE
);
```

UNIQUE制約を付与した**id**列に対し、以下のINSERT文で重複した値の登録を試みます。

▶リスト11-24 UNIQUE制約に対し重複した値をINSERT

```
INSERT INTO my_book (id)
VALUES (1),
       (1);
```

実行すると以下のエラーが発生します。

▶**リスト11-25** UNIQUE制約に対し重複した値をINSERT

```
ERROR:  duplicate key value violates unique constraint "my_book_id_key"
DETAIL:  Key (id)=(1) already exists.
```

2つ目の「1」を登録する時点で、データ重複となりエラーが発生します。

ただし、NULLは例外で、別途NOT NULL制約が課せられていない場合、NULLに限って複数の行にわたり登録が可能です。以下のINSERT文は正常に実行されます。

▶**リスト11-26** UNIQUE制約に対しNULLをINSERT

```
INSERT INTO my_book (id)
VALUES (NULL),
       (NULL);
```

NULLは例外的に登録できることを覚えておいてください。

Column 複数の制約を組み合わせる

UNIQUE制約とNOT NULL制約を同時に付与したい場合、テーブル作成時に制約を列挙することで実現できます。

▶**リスト11-27** UNIQUE制約とNOT NULL制約を同時に付与

```
DROP TABLE IF EXISTS my_book;
CREATE TABLE my_book (
    id INT UNIQUE NOT NULL
);
```

制約を列挙する順は、UNIQUE NOT NULLでもNOT NULL UNIQUEでも有効です。上記のCREATE TABLEでは、id列はUNIQUEかつNOT NULLという2つの制約を持った列になります。

11-3-4 PRIMARY KEY

PRIMARY KEYは、指定した列が**プライマリキー（主キー）**であることを示すものです。プライマリキーであるということは、プライマリキーに指定された列の情報を用いれば、テーブルの中で行を**一意に特定できる**ことを意味します。

本書でたびたび利用している**book**テーブルは、ISBNコードを格納する**isbn**列がプライマリキーに設定されています。ISBNコードは書籍ごとに別々のコードが割り振ら

れています。異なる書籍が同じISBNコードを持っていたら、ISBNコードから書籍を特定できなくなってしまいます。ISBNコードは書籍を**一意に特定できる**情報であるため、プライマリキーとして利用できます。

　プライマリキーは、テーブルの性質を定義するしくみであると同時に、制約を付与する働きもします。プライマリキーに指定された列は、テーブル内でデータの重複を許容しません。これはすでに解説したUNIQUE制約と同じ意味を持ちます。またNULLであることも許容しません。これはNOT NULL制約と同じ意味を持ちます。

▶リスト11-28 PRIMARY KEY列を持つテーブルを作成

```
DROP TABLE IF EXISTS my_book;
CREATE TABLE my_book (
    isbn VARCHAR(13) PRIMARY KEY
);
```

▶リスト11-29 PRIMARY KEY列に重複データをINSERT

```
INSERT INTO my_book (isbn)
VALUES (1),
       (1);
```

実行すると以下のエラーが発生します。

▶リスト11-30 PRIMARY KEY列に重複データをINSERT（実行結果）

```
ERROR:  duplicate key value violates unique constraint "my_book_pkey"
DETAIL:  Key (isbn)=(1) already exists.
```

　重複データに関するエラーは、UNIQUE制約の場合の例と同様です。NULLを登録した場合、NOT NULL制約の例と同様のエラーが発生します。

　また、`PRIMARY KEY`の列にも`NOT NULL`の列にも、NULLは登録できませんが 空文字「"」は登録できます。

▶リスト11-31 PRAIMARY KEYの列に空文字を登録

```
INSERT INTO my_book (isbn)
VALUES ('');
```

　空文字「"」も1つの値であることには変わりないため、2度目に空文字を登録しようとした際にはエラーが発生します。一般に、行を一意に特定するための役割を持つ情報が空文字であることは適当ではないため、登録できるものの利用すべきではありま

せん。この後解説するCHECK制約を利用して、空文字の登録を防ぐこともできます。

11-3-5 FOREIGN KEY

FOREIGN KEYは、**外部キー**を持つことを示すものです。**外部キー**とは、他テーブルとの関係を示す上で重要な定義です。bookテーブルの書籍情報として含まれるサブジャンルを例にします。bookテーブルには、`sub_genre_id`という列が含まれます。bookテーブルは、サブジャンルに関する情報をサブジャンルIDしか持たず、サブジャンル名や所属するジャンルIDを得るには、`sub_genre`テーブルを参照する必要がありました。第8章では、JOINを用いて、bookテーブルと`sub_genre`テーブルを結合する方法を解説しました。

bookテーブルの`sub_genre_id`列は、`sub_genre`テーブルの`id`列を外部キーとして参照するよう設定されています。

▶**リスト11-32** FOREIGN KEY列を持つテーブルを作成

```
-- ジャンルマスタを作成
DROP TABLE IF EXISTS my_genre;
CREATE TABLE my_genre (
    id   VARCHAR(2) PRIMARY KEY,
    name VARCHAR(191) NOT NULL
);

-- 書籍マスタを作成
DROP TABLE IF EXISTS my_book;
CREATE TABLE my_book (
    id       VARCHAR(8) PRIMARY KEY,
    genre_id VARCHAR(2),
             FOREIGN KEY (genre_id) REFERENCES my_genre (id)
);
```

このとき、`my_genre`テーブルの`id`列は他テーブルから参照されている**被参照**、`my_book`テーブルの`genre_id`列はほかのテーブルを参照している**参照**という関係になります。

`my_genre`テーブルに行が挿入されていない状態で、`my_book`テーブルへのINSERTを試みます。

▶**リスト11-33** `my_genre`テーブルに存在しない`genre_id`を含む行をINSERT

```
INSERT INTO my_book (id, genre_id)
VALUES ('ABC', '01');
```

実行の結果、以下のエラーが発生します。

```
ERROR:  insert or update on table "my_book" violates foreign key constraint "my_book_
genre_id_fkey"
DETAIL:  Key (genre_id)=(01) is not present in table "my_genre".
```

登録しようとした ジャンルID「01」という値が、被参照側である my_genre テーブル側に存在していないことを意味しています。my_book テーブルにジャンルID「01」を登録するには、先に my_genre テーブルに値を登録しておく必要があります。

▶ リスト11-35 my_genreテーブルとmy_bookテーブルにINSERT

```
-- 先に my_genre テーブルに行を挿入
INSERT INTO my_genre (id, name)
VALUES ('01', 'パソコン');

INSERT INTO my_book (id, genre_id)
VALUES ('ABC', '01');
```

まず my_genre テーブルに対して、id列の値を「01」とした行を挿入します。続いて my_book テーブルに genre_id列を「01」とした行を挿入します。エラーは発生せず、データが正常に登録できました。

ここで示したように、外部キー制約は指定したテーブルの列に登録されている値以外は登録できなくなるという制約を付与します。これにより意図しないデータ、たとえばジャンルマスタに登録されていない未知のジャンルIDが書籍マスタに登録されてしまうといったことを防止できます。テーブル間の整合性を保つしくみを**参照整合性**と呼びます。

なお、外部キー制約が指定された列であっても、別途NOT NULL制約を付与しない場合、NULLは登録できます。また、外部キーを指定する列とその参照先の列では、データ型が一致している必要があります。文字型の列と数値側の列を外部キーで関連付けることはできません。

●ON DELETEとON UPDATE

外部キーがデータの整合性を保つ働きをすることがわかりました。被参照の行や値が削除または変更された場合、参照側の値はどうなるのでしょうか。リスト11-35では、my_genre テーブルに id = '01' が存在している状態で、my_book テーブルに行を挿入できました。行を挿入した後に、my_genre テーブルの行を削除した場合の動作を確認します。

my_bookが外部キー参照している行を削除

```
DELETE FROM my_genre
 WHERE id = '01';
```

実行すると以下のエラーが発生します。

my_bookが外部キー参照している行を削除

```
ERROR:  update or delete on table "my_genre" violates foreign key constraint "my_
book_genre_id_fkey" on table "my_book"
DETAIL:  Key (id)=(01) is still referenced from table "my_book".
```

「DETAIL: Key (id)=(01) is still referenced from table "my_book".」 には、
DELETE文が失敗した理由としてid = '01'がmy_bookから参照されているためだと
いうことが説明されています。整合性を維持するためには妥当な措置ですが、意図的
にmy_bookテーブルから行を削除したい場合、どのようにすればよいのでしょうか。

外部キーは定義時に、参照している値が削除または変更された場合の挙動を指定で
きます。my_bookテーブルを作成し直します。

ON DELETEとON UPDATEを指定

```
DROP TABLE IF EXISTS my_book;
CREATE TABLE my_book (
    id       VARCHAR(8) PRIMARY KEY,
    genre_id VARCHAR(2) NOT NULL,
             FOREIGN KEY (genre_id) REFERENCES my_genre (id)
                 ON DELETE CASCADE
                 ON UPDATE RESTRICT
);

-- データを挿入
INSERT INTO my_book (id, genre_id)
VALUES ('ABC', '01');
```

FOREIGN KEYで外部キーを指定する際に、**ON DELETE**および**ON UPDATE**オプシ
ョンを付与しています。ON DELETEは参照している値が削除された場合にどのように
振る舞うか、ON UPDATEは参照された値が更新された場合にどのように振る舞うかを
定義します。ON DELETE CASCADEのCASCADEと、ON UPDATE STRICTのSTRICTが振る舞
い（アクション）の種類です。

外部キーに関するオプションを指定したテーブルを作成したら、以下のSQLで動作
を確認します。

```
DELETE FROM my_genre
  WHERE id = '01';

-- 削除後のテーブルを確認
SELECT *
  FROM my_book;
```

実行結果は以下のとおりです。

▶**リスト11-40** ON DELETE と ON UPDATE オプションを指定した後の DELETE（実行結果）

```
id | genre_id
----+----------
```

リスト11-36では実行できなかったDELETE文が実行できました。また、`my_genre`テーブルから行を削除した後に`my_book`テーブルの内容を確認すると、存在していた行が取得できなくりました。これは、`ON DELETE`に指定した`CASCADE`の働きです。

下記表11-1に、`ON DELETE`と`ON UPDATE`に指定できるアクションの種類についてまとめます。

▶**表11-1** ON DELETE および ON UPDATE のアクション

アクション	振る舞い
NO ACTION	デフォルトの設定で削除および変更はできない
RESTRICT	NO ACTIONと同じ（評価タイミングが異なる）
CASCADE	参照側の行は削除される
SET NULL	参照側の列の値がNULLになる
SET DEFAULT	参照側の列の値が初期値になる

確認したように、`CASCADE`では被参照行が削除されると参照行も削除されますので、注意して利用してください。`SET NULL`は参照列がNULLに変更されるアクションですが、参照列がNOT NULL制約を持っている場合には、アクションは失敗しエラーになります。

11-3-6 CHECK

CHECK制約は、**任意の条件**を指定することで列が取り得る値を制限できます。価格を示すprice列に対し、**0より大きい値であること**という制約を付与する例を以下に示します。

▶ リスト11-41 CHECK制約を指定して0より大きい値に制限

```
DROP TABLE IF EXISTS my_book;
CREATE TABLE my_book (
    price INT NOT NULL CHECK (price > 0)
);

INSERT INTO my_book (price)
VALUES (-1200); -- 0 より大きい値ではないため、INSERT できない
```

　列の定義price INT NOT NULL CHECK (price > 0)のうち、CHECK (price > 0)が CHECK制約の指定箇所です。WHERE句やJOINにおけるON句で使用した比較演算 子を利用して条件を指定できます。リスト11-41を実行すると以下のエラーが発生しま す。

▶ リスト11-42 CHECK制約を指定して0より大きい値に制限（実行結果）

```
ERROR:  new row for relation "my_book" violates check constraint "my_book_price_
check"
DETAIL:  Failing row contains (-1200).
```

　price列はINT型と指定されているため、CHECK制約がない場合、0や負の値を登 録できてしまいます。CHECK制約により登録できる値に制限をかけられました。
　CHECK制約を使えば、用途にあった制約を柔軟に付与できます。isbn VARCHAR(13) CHECK(isbn != '')とすれば、isbn列に空文字が登録できなくなります。複数の条件 を指定したい場合、CHECK (price != 0 AND price != 100)のようにANDで組み合わせ られます。

本節では、列に対する制約について解説しました。制約を用いることで、意図 しないデータの登録を防げるようになるほか、データベースの利用者がテーブ ルや列の役割を理解する手助けにもなります。制約の中では特殊な役割を持つ PRIMARY KEYおよびFOREIGN KEYは、テーブルの性質や、他テーブルとの 関係を示す上で役に立ちます。

インデックス

これまでの説明で何度かインデックスという言葉が登場しました。インデックスとはどういったもので、何のために存在するものなのでしょうか。本節では、SQLを実行する際のパフォーマンスと密接な関係のあるインデックスについて解説します。

11-4-1 インデックスの役割

インデックス（index）は「索引」を意味する言葉です。索引は、書籍において読者が目的の内容が記されたページに素早くたどり着けるようにするものです。索引には、書籍中に登場する重要な事柄や単語がページ数とともに列挙されます。

学校の生徒に関する情報が記録された名簿があるとします。名簿には、書籍のように順にページ番号が振られています。全校生徒の数が500人で、1人1ページだとすると500ページになります。この名簿から1人の生徒を探し出すのは困難です。しかし名簿には索引が付いていました。索引には、全生徒が名前の順で並べられ、情報が記録されたページ番号も併記されていました。500ページの中から目的のページを探すとしたら、しらみつぶしに探していく場合と、索引を利用して探していく場合ではどちらが速く目的を達成できるでしょうか。ページ数が、1,000、2,000と増えていったときのことを想像してください。

データベースにおける**インデックス**は、**テーブルの索引**の役割を果たします。インデックスは主に、行を絞り込む場合と、行を並べ替える場合に利用されます。行を絞り込む場合とは、WHERE句 に条件を指定する場合や、テーブル結合におけるON句に条件を指定する場合などが該当します。行を並べ替える場合とは、ORDER BY句を指定した場合が該当します。インデックスを利用することで、行の絞り込みや並べ替えにかかる処理上のコストを軽減できます。

どの程度軽減できるかという点については、RDBMSの種類やテーブルの状態、行数、RDBMSが動作するコンピュータの性能などに大きく依存するため一概にはいえません。ただ、たとえばインデックスを活用しない状態で一度の実行に20秒かかっていたSELECT文が、インデックスを利用するよう改善したところ0.2秒で実行できるようになった（100倍です！）、というような話は、決して珍しいものではありません。

11-4-2 インデックスの作成

インデックスを作成するには、**CREATE INDEX**を使用します。既存の**rating**テーブルに対してインデックスを付与してみましょう。

▶リスト11-43 ratingテーブルのisbn列にインデックスを作成

```
\c learing_sql
CREATE INDEX idx_rating__user_id
    ON rating(user_id);
```

CREATE INDEXに続いて、インデックス名を指定します。インデックス名は任意です。上記の例では**idx_rating__user_id**としています。**ON**に続いて、インデックスを作成するテーブルと列を指定しています。**rating(user_id)**と指定したことで、**rating**テーブルの**user_id**列に対してインデックスを作成することになります。

実行の結果、**CREATE INDEX**と表示されれば正常にインデックスが作成されています。テーブルに存在するインデックスはメタコマンド**\d**で確認できます。**\d**はテーブル定義を確認するコマンドですが、あわせてインデックス情報が得られます。

▶リスト11-44 テーブル定義とあわせてインデックスを確認する

```
                         Table "public.rating"
    Column    |              Type              |           Modifiers
--------------+--------------------------------+--------------------------------
 id           | integer                        | not null
                                                 default nextval('rating_id_seq'::regclass)
 isbn         | character varying(13)          | not null
 user_id      | character varying(8)           | not null
 score        | numeric(2,1)                   | not null
 created_at   | timestamp without time zone    | not null default CURRENT_TIMESTAMP
 deleted_at   | timestamp without time zone    |
Indexes:
    "rating_pkey" PRIMARY KEY, btree (id)
    "idx_rating__user_id" btree (user_id)
```

Indexesに**"idx_rating__user_id" btree (user_id)**が追加されていることが確認できました。**"idx_rating__user_id"**がインデックス名です。**btree**はいくつかあるインデックスの方式のうち「B-tree インデックス」という方式を採用していることを示しています。インデックス方式およびそのデータ構造については本書で取り扱いませんが、PostgreSQLではB-tree インデックスのほかに、Hash インデックスやGIN インデックスなどを扱えます。**(user_id)**はインデックスが作成されている列名です。

Indexesには、**"rating_pkey"**というインデックスも含まれています。**"rating_pkey" PRIMARY KEY, btree (id)**は、id列をプライマリキーに指定した際に自動的に作成されたインデックスです。このように、制約を付与した場合に自動的にインデックスが

作成される場合があります。PostgreSQLでは、PRIMARY KEYおよびUNIQUE制約を付与した場合に、自動的にインデックスが作成されます。ほかのRDBMS、たとえばMySQLでは、PRIMARY KEY、UNIQUEに加え外部キーを指定した場合にもインデックスが作成されます。

11-4-3 インデックスと実行計画

インデックスは、目的の情報にたどり着くための**索引**の役割を果たします。SQLにおいて情報を絞り込むにはWHERE句を使用します。インデックスを付与した**user_id**列をWHERE句の検索条件に加え、**rating**テーブルから行を取得します。

▶リスト11-45 インデックスが付与されたuser_idを検索条件に指定

```
SELECT *
  FROM rating
 WHERE user_id = '1ca34a7a'
 ORDER BY created_at DESC
 LIMIT 5;
```

しかし、上記のSELECT文を実行しただけではインデックスの効果を実感することは難しいでしょう。**rating**テーブルの行数は16,000行で、この程度の規模の行数であればインデックス有無による差を体感できない可能性があります。

そこで、**実行計画（QUERY PLAN）**を利用します。実行計画とは、実行するSQLがどのような手順に基づき最終的に目当ての行にたどり着くのかの計画を出力するものです。実行するSQLの前に**EXPLAIN**を付与することで、実行計画を確認できます。以下は、基本的なSELECT文の前に**EXPLAIN**を付与したSQLです。

▶リスト11-46 実行計画を確認するEXPLAINの利用例

```
EXPLAIN SELECT *
  FROM rating
 WHERE id = 1;
```

実行すると、以下の実行計画が表示されます。

▶リスト11-47 実行計画を確認するEXPLAINの利用例（実行結果）

```
                          QUERY PLAN
-----------------------------------------------------------------
 Index Scan using rating_pkey on rating  (cost=0.29..8.30 rows=1 width=48)
   Index Cond: (id = 1)
```

QUERY PLANに、Index Scan using rating_pkey on ratingと記載されています。検

索に、`rating`テーブルに付与されたインデックス`rating_pkey`を使用する計画であることを意味します。`rating_pkey`がプライマリキーに付与されたインデックスであることはすでに解説しました。プライマリキーは、テーブル内の行を一意に決定するものです。WHERE句にはプライマリキーである`id`列を検索条件として指定していますので、`id = 1`の行が見つかれば結果を確定できます。

SELECT文の条件を変えて、実行計画を確認してみましょう。

▶リスト11-48 リスト11-45の実行計画の確認

```
EXPLAIN
SELECT *
  FROM rating
 WHERE user_id = '1d109c51'
 ORDER BY created_at DESC;
```

以下の実行計画が得られます。

▶リスト11-49 リスト11-45の実行計画の確認（実行結果）

```
                            QUERY PLAN
---------------------------------------------------------------------------
 Sort  (cost=134.27..134.46 rows=78 width=48)
   Sort Key: created_at DESC
   ->  Bitmap Heap Scan on rating  (cost=4.89..131.82 rows=78 width=48)
         Recheck Cond: ((user_id)::text = '1d109c51'::text)
         ->  Bitmap Index Scan on idx_rating__user_id
             (cost=0.00..4.87 rows=78 width=0)
               Index Cond: ((user_id)::text = '1d109c51'::text)
```

先ほどとは異なる結果が得られました。実行計画は「->」で区切られます。上記の例では、「->」が2つ登場します。つまり、3段階の処理が存在することを意味します。多段階の実行計画を見る場合、下から順に読み解いていきます。

最初の実行計画に`Bitmap Index Scan on idx_rating__user_id`という記述があります。これは、作成済みのインデックス`idx_rating__user_id`を利用する計画であることを意味します。WHERE句には`user_id`が絞り込み条件に指定されています。したがって、`user_id`に関するインデックスである`idx_rating__user_id`を利用したほうがよいという根拠です。

また、この計画には`(cost=0.00..4.87 rows=78 width=0)`という情報が付与されています。`cost`は処理の開始から終了までにかかるコストのことで、簡易的な理解としては数値の大小がコストの大小となります。コストが小さいほうが、結果的によいパフォーマンスをもたらします。`rows`はこの処理で得られる行数、`width`は行の長さ（データの大きさ）を意味します。`width`が0ということは、ここでは位置を特定するのみで実際のデータは取得していないことを意味します。

2つ目の実行計画は`Bitmap Heap Scan on rating  (cost=4.89..131.82 rows=78` width=48)です。ここで、テーブルからデータを取り出す計画のため、0だった**width**が48になっています。**rows**は同じ78です。**Index Scan**と**Heap Scan**という二段階の計画になっているのは、そのほうがトータルでコストが低くなると PostgreSQLが見積もったためです。

3つ目の実行計画は**Sort （cost=134.27..134.46 rows=78 width=48)**です。**Sort**とあるとおり、行の並べ替えを行う計画です。最終的に対象のSQLのコストは「134.46」と求められています。

costや**rows**などの数値はすべて筆者環境で行った場合のもので環境により異なります。また実行計画はあくまで**計画**であるということに注意します。たとえば、実行計画によると**rows=78**が示すように78の行に絞り込まれる計画になっていますが、実際のテーブルに存在する**user_id = '1d109c51'**の行数とは異なります。

計画に加え、実際にSQLを実行した後の実測値をあわせて知るには**EXPLAIN ANALYZE**を使用します。

▶ **リスト11-50** 実行計画と実測値の確認

```
EXPLAIN ANALYZE
SELECT *
  FROM rating
 WHERE user_id = '1d109c51'
 ORDER BY created_at DESC;
```

以下の実行計画が得られます。

▶ **リスト11-51** 実行計画と実測値の確認（実行結果）

```
                              QUERY PLAN
-----------------------------------------------------------------------------
 Sort  (cost=134.27..134.46 rows=78 width=48)
 (actual time=0.988..1.183 rows=52 loops=1)
   Sort Key: created_at DESC
   Sort Method: quicksort  Memory: 29kB
   ->  Bitmap Heap Scan on rating  (cost=4.89..131.82 rows=78 width=48)
       (actual time=0.304..0.671 rows=52 loops=1)
         Recheck Cond: ((user_id)::text = '1d109c51'::text)
         Heap Blocks: exact=49
         ->  Bitmap Index Scan on idx_rating__user_id
             (cost=0.00..4.87 rows=78 width=0)
             (actual time=0.201..0.201 rows=52 loops=1)
               Index Cond: ((user_id)::text = '1d109c51'::text)
 Planning time: 0.324 ms
 Execution time: 1.522 ms
```

基本的な見方は変わりませんが、各実行計画に**actual**という情報が付加されています。これは**実際にはどうであったか**という実測値を意味しています。計画では78だった**rows**の値が、**actual**では52になっています。52という数値は**user_id = '1d109c51'**

の行数に一致します。末尾に Planning time と Exeution time が記されています。それ
ぞれ、計画による予測時間と実際の実行にかかった時間を表します。人間にとっては
こちらのほうが直感的な指標です。

　EXPLAIN と EXPLAIN ANALYZE の違いとして、EXPLAIN は実際には SQL を実行しないが
EXPLAIN ANALYZE は実際に SQL を実行するという点があります。EXPLAIN ANALYZE には
実測値が含まれていることからもこのことはわかります。したがってコストの高い SQL
を EXPLAIN ANALYZE で何度も実行すると、それだけデータベースに負荷をかけること
になります。基本的には EXPLAIN を利用し、より正確な数値を得たい場合に EXPLAIN
ANALYZE を使用するようにするとよいでしょう。

11-4-4 インデックス有無によるパフォーマンスの確認

　本節の冒頭でインデックスは行の並べ替えにも利用されると解説しました。ORDER
BY 句に指定した created_at にはインデックスは付与されていません。まずインデッ
クスのない状態の実行計画を確認し、その後インデックスを付与し再び実行計画を確
認してみましょう。

▶ リスト11-52　created_at にインデックスがない状態でのソートの実行計画

```
EXPLAIN ANALYZE
SELECT *
  FROM rating
 ORDER BY created_at
  DESC LIMIT 5;
```

実行計画は以下のとおりです。

▶ リスト11-53　created_at にインデックスがない状態でのソートの実行計画（実行結果）

```
                          QUERY PLAN
--------------------------------------------------------------------
 Limit  (cost=569.75..569.77 rows=5 width=48)
 (actual time=109.635..109.670 rows=5 loops=1)
   ->  Sort  (cost=569.75..609.75 rows=16000 width=48)
       (actual time=109.628..109.639 rows=5 loops=1)
         Sort Key: created_at DESC
         Sort Method: top-N heapsort  Memory: 25kB
         ->  Seq Scan on rating  (cost=0.00..304.00 rows=16000 width=48)
             (actual time=0.011..54.658 rows=16000 loops=1)
 Planning time: 0.141 ms
 Execution time: 109.738 ms
```

　インデックスという手がかりがないため、16,000 行全体を走査して行を並べ替える
計画であることがわかります。トータルの **cost** は 569.77 です。

続いて、`created_at`列にインデックスを付与した上で実行計画を確認します。

▶リスト11-54 created_atにインデックスがある状態でのソートの実行計画

```
CREATE INDEX idx_rating__created_at
    ON rating(created_at);

EXPLAIN ANALYZE
SELECT *
  FROM rating
 ORDER BY created_at
  DESC LIMIT 5;
```

表示される実行計画は以下のとおりです。

▶リスト11-55 created_atにインデックスがある状態でのソートの実行計画（実行結果）

```
                             QUERY PLAN
-----------------------------------------------------------------------
 Limit  (cost=0.29..0.60 rows=5 width=48) (actual time=0.059..0.113 rows=5 loops=1)
   ->  Index Scan Backward using idx_rating__created_at on rating
       (cost=0.29..1000.28 rows=16000 width=48)
       (actual time=0.051..0.074 rows=5 loops=1)
 Planning time: 0.396 ms
 Execution time: 0.172 ms
```

`Index Scan Backward using idx_rating__created_at`とあることからインデックスが利用されたことがわかります。計画上の**cost**も0.60と小さくなっています。

実行計画の`Execution time`は、さまざまな条件によって上下するため一概にはいえませんが、筆者環境では、インデックスがなかった場合の`Execution time`はおよそ109.738ミリ秒でした。インデックスを付与した場合の`Execution time`はおよそ0.172ミリ秒でした。どちらもミリ秒の世界であるため明確な差を体感することは難しいですが、インデックスによりパフォーマンスが向上しています。

11-4-5 インデックスの削除

インデックスを削除するには**DROP INDEX**を使用します。

▶リスト11-56 インデックス「idx_rating__user_id」の削除

```
DROP INDEX idx_rating__user_id;
```

実行の結果、`DROP INDEX`と表示されれば正常にインデックスが削除されています。
リスト11-44によると、`rating_pkey`というインデックスも存在しているので、削除を試みます。

▶ **リスト11-57** インデックス rating_pkey の削除

```
DROP INDEX rating_pkey;
```

実行すると、以下のエラーが発生します。

▶ **リスト11-58** インデックス rating_pkey の削除（実行結果）

```
ERROR:  cannot drop index rating_pkey because constraint rating_pkey on table rating
requires it
HINT:  You can drop constraint rating_pkey on table rating instead.
```

上記のエラーは rating_pkey はプライマリキー制約により必須なものであるので削除できないということを示しています（ヒントとして、もし削除したいのであればプライマリキー制約を削除するようにと書かれています）。

11-4-6 複合インデックス

インデックスのトピックの最後に**複合インデックス**について取り上げます。WHERE句による絞り込み条件を考えるとき、条件を1つ指定する場合もあれば、AND句やOR句で複数の条件を組み合わせて指定する場合もあります。たとえば以下のSELECT文では、WHERE句に user_id 列と created_at 列を指定しています。

▶ **リスト11-59** usre_id と isbn で絞り込み

```
SELECT *
  FROM rating
 WHERE user_id = '1d109c51'
   AND isbn > '9784774145587';
```

user_id に対するインデックスを作成する例はリスト11-43で示したとおりです。同じように、isbn に対してインデックスを作成すればよいでしょうか。ここで検討できるのが**複合インデックス**の作成です。複合インデックスとは、複数の列を対象とするインデックスのことです。

▶ **リスト11-60** 複合インデックスの作成

```
CREATE INDEX idx_rating__user_id__isbn
    ON rating (user_id, isbn);
```

上記のように対象の列名を (user_id, isbn) のようにカンマで区切ることで複合イ

ンデックスを作成できます。複合インデックスは、単一のインデックスを複数用意するよりもパフォーマンスに優れる場合があります。

11-4-7 インデックス利用における注意点

便利なインデックスですが、利用には注意点もあります。インデックスの注意点として 大まかに以下の3つが挙げられます。

- 必要なインデックスがない
- 不要なインデックスがある
- インデックスが意図どおり使用されない

「必要なインデックスがない」については、本節で解説してきたとおり、インデックスは検索性能を向上させるための索引の役割を持つものです。ユーザーIDやISBNコードのように、検索条件の対象の列として頻繁に指定される列にインデックスが付与されていないと、データの規模に応じてパフォーマンスの低下をもたらします。

インデックスの不足が問題になるのであれば、すべての列に対して網羅的にインデックスを付与すればよいのでしょうか。しかしそれは別の観点で問題があります。これが2つ目の注意点「不要なインデックスがある」です。

名簿の索引の話を思い出してください。索引というのは、ページ番号との対応関係が作成されて初めて利用できるものです。データベースとインデックスについても同じことがいえます。テーブルの行が挿入や更新、削除されるとき、対応関係が保たれるよう関係するインデックスも更新する必要があります。インデックスの作成や更新にはコストがかかります。したがって、むやみにインデックスを増やすと、行の挿入や更新、削除時のパフォーマンス低下をもたらします。インデックス自体もデータであることには変わりないため、インデックスが増えるとデータ容量が増加する点にも注意が必要です。名簿のページ数が多ければ、索引のページ数も多く必要になることをイメージするとわかりやすいでしょう。利用することのないインデックスは作成しないようにします。

「インデックスが意図どおり使用されない」は難しい問題です。必要だと思って作成したインデックスが、実際には利用されない場合があります。WHERE句やORDER BY句の対象になる列がインデックス作成の候補となるのが基本です。しかし「どのインデックスを使用するか」については、RDBMSのオプティマイザと呼ばれる機能が最終的な判断をくだします。オプティマイザによっては、サブクエリの条件次第でインデックスを使用できなかったり、複数の（複合インデックスではない）インデッ

クスを併用できなかったりします。複合インデックスの列の指定順と、WHERE句に指定する順番の食い違いによりインデックスが利用できない場合もあります。この動作はRDBMSごとのオプティマイザに依存するため、テーブル定義とインデックス、SELECT文が非常に似たものであっても、PostgreSQLとMySQLでインデックスの使用有無が異なる可能性があります。

　重要なのは、必要なインデックスが不足していないか、作成したインデックスが意図どおり利用されているかについて確認を行うことです。本節ではEXPLAINについて解説しました。EXPLAINで得られる実行計画から、SQLのコストやインデックスの使用状況を確認できます。PostgreSQL以外のRDBMSにも、たいていは実行計画を確認するためのしくみが備わっています。最適なテーブル設計やインデックス設計を行うこと、パフォーマンス的な観点から最適なSQLを記述できるようになることは、SQLの基本を学んだ次のステップです。はじめのうちはあまり難しく考える必要はないので、注意点があるという点だけ記憶にとどめておいてください。

本節ではインデックスの役割と、インデックスの作成、削除について学びました。インデックスはデータベース利用におけるパフォーマンスに対して重要な役割を果たします。作成や削除自体は非常に簡単ですが、適切な利用を目指すとなると経験が必要になるものでもあります。実行計画を見ながら、SQLとインデックスの関係を徐々につかんでいってください。

11-5

テーブルの変更

データベースのテーブルは、追加、削除するだけではなく、既存のテーブルに変更を加えることができます。本節ではテーブル名の変更、列名の変更、列のデータ型の変更などを行う方法を解説します。

11-5-1 ALTER TABLE

一度作成したテーブルの情報を変更したいとき、本章ではこれまで`DROP TABLE`でテーブルを削除してから、再度`CREATE TABLE`でテーブルを作成する方法を採りました。`DROP TABLE`を行うと、テーブルに含まれる行はすべて削除されるため、データを保持したい場合には利用できません。しかし、利用し始めたテーブルに列を追加する、列のデータ型を変更するなどの要望が発生する場合があります。その場合、**ALTER TABLE**を利用することで、テーブルに対する変更を行えます。

本節では実際に`ALTER TABLE`を使用してテーブルに変更を加えます。最初にデータベース`my_db`および`my_book`を作成しておきます。

▶**リスト11-61** データベースとテーブルの準備

```
\c postgres
DROP DATABASE IF EXISTS my_db;
CREATE DATABASE my_db;
\c my_db

CREATE TABLE my_book (
  id VARCHAR(10)
);
```

この状態でメタコマンド`\dt`を実行してテーブルの一覧を確認します。

▶ リスト11-62 テーブル一覧（作成時点）

```
           List of relations
 Schema |  Name   | Type  |  Owner
--------+---------+-------+----------
 public | my_book | table | postgres
```

作成したmy_bookテーブルに対して変更を加えていきます。

11-5-2 テーブル名を変更する

ALTER TABLEを利用してテーブル名を変更します。

▶ リスト11-63 テーブル名を変更する

```
ALTER TABLE my_book RENAME TO favorite_book;
```

テーブルに変更を加える場合、ALTER TABLEの次に、変更対象となるテーブルを指定します。続けて、変更内容を指定する構文を記述します。テーブル名を変更するには、RENAME TOの後に、変更後のテーブル名を記述します。上記の例では、テーブルmy_bookをfavorite_tableに変更しています。

テーブル一覧を確認します。

▶ リスト11-64 テーブル一覧（テーブル名変更後時）

```
              List of relations
 Schema |     Name      | Type  |  Owner
--------+---------------+-------+----------
 public | favorite_book | table | postgres
```

テーブル名がmy_bookからfavorite_bookに変更されました。

テーブル名を変更すると、以後、SELECT文やINSERT文などテーブル名を指定するSQLをすべて変更する必要がある点に注意します。

11-5-3 列を追加・削除する

favorite_bookテーブルに列を追加します。列を追加する前のテーブル定義を\d favorite_bookで確認します。

```
              Table "public.favorite_book"
 Column |          Type         | Collation | Nullable | Default
--------+-----------------------+-----------+----------+---------
 id     | character varying(10) |           |          |
```

列はidのみです。ここに列を追加していきます。列を追加するには、**ADD COLUMN**に続けて列名とデータ型を記述します。制約を設ける場合はあわせて記述できます。

▶ リスト11-66 列を追加する

```
ALTER TABLE favorite_book
  ADD COLUMN created_at BIGINT NOT NULL;
```

実行後、`favorite_book`テーブルの定義を`\d favorite_book`で確認します。

▶ リスト11-67 favorite_bookの定義を確認（列追加後）

```
              Table "public.favorite_book"
   Column   |          Type         | Collation | Nullable | Default
------------+-----------------------+-----------+----------+---------
 id         | character varying(10) |           |          |
 created_at | bigint                |           | not null |
```

`created_at`が作成されていることが確認できました。なおPostgreSQLでは列の追加位置を指定できず、必ず末尾に追加されます。

Column ほかのRDBMSでは列の場所を指定できる？

たとえば、MySQLの場合、列の追加時にFIRSTまたはAFTERというオプションを付与し、追加位置を指定できます。

リスト11-66では`ADD COLUMN`で列を追加しましたが、反対に列を削除するには**DROP COLUMN**を利用します。

▶ リスト11-68 列を削除する

```
ALTER TABLE favorite_book
 DROP COLUMN created_at;
```

列を追加したときと同様に**\d favorite_book**でテーブル定義を確認します。

▶ **リスト11-69** favorite_bookの定義を確認（列削除後）

```
                    Table "public.favorite_book"
 Column |           Type            | Collation | Nullable | Default
--------+---------------------------+-----------+----------+---------
 id     | character varying(10)     |           |          |
```

created_at列が削除され、**id**列のみ存在している状態になったことが確認できました。削除対象の列のデータは失われますので、**DROP COLUMN**は慎重に行ってください。

11-5-4 列名を変更する

列名の変更も可能です。列名を変更するには**RENAME COLUMN**を使用します。

▶ **リスト11-70** 列名の変更

```sql
ALTER TABLE favorite_book RENAME COLUMN id TO isbn;
```

\d favorite_bookでテーブル定義を確認します。

▶ **リスト11-71** favorite_bookの定義を確認（列名変更後）

```
                    Table "public.favorite_book"
 Column |           Type            | Collation | Nullable | Default
--------+---------------------------+-----------+----------+---------
 isbn   | character varying(10)     |           |          |
```

id列の名称が変更されました。列名の変更の場合、列の持つデータや定義されたデータ型は維持されます。

11-5-5 列のデータ型を変更する

すでに存在する列のデータ型を変更したくなる場合があります。たとえば、**VARCHAR(10)**で収まると考えられていた列が**VARCHAR(13)**である必要があることがわかった場合、データ型を変更して対応できます。

```
ALTER TABLE favorite_book
ALTER COLUMN isbn TYPE VARCHAR(13);
```

　列のデータ型を変更するには、**ALTER COLUMN**に続けて列名を指定し、TYPEに続けて変更後の定義を記述します。

　データ型を変更する場合、変更前後のデータに互換性があるかどうか注意する必要があります。VARCHAR(10)からVARCHAR(13)への変更の場合、どちらも同じ可変長文字列型で、かつ変更前のほうが文字長が短いため、変更後に不整合が生じません。しかし、VARCHAR(13)からVARCHAR(10)へ変更する場合、すでに10文字以上の長さの行が保存されていると、エラーが発生します。

▶リスト11-73 不整合の生じるデータ型の変更を行う

```
-- 13文字 からなる文字列を登録
INSERT INTO favorite_book (isbn)
VALUES ('9784774191690');

-- VARCHAR(10) に変更
ALTER TABLE favorite_book
ALTER COLUMN isbn TYPE VARCHAR(10);
```

　実行の結果、以下のエラーが発生します。

▶リスト11-74 不整合の生じるデータ型の変更を行う（実行結果）

```
ERROR:  value too long for type character varying(10)
```

　isbn列にはすでに10文字より長い文字列が登録されていたため、データ型をVARCHAR(10)へ変更できませんでした。

11-5-6 列の制約を変更する

　列の制約を付与するには、**ADD CONSTRAINT**に続けて制約名を指定し、制約を指定します。

▶リスト11-75 UNIQUE制約の追加

```
ALTER TABLE favorite_book
  ADD CONSTRAINT unique_favorite_book__isbn UNIQUE(isbn);
```

制約名は任意の名称を指定できますが、テーブル内で同じ名称は利用できません。後述する制約の削除時に、制約名を指定する必要があります。わかりやすい名前を付けておきましょう。以下の例は、CHECK制約を追加する場合の例です。

▶ リスト11-76 CHECK制約の追加

```
ALTER TABLE favorite_book
ADD CONSTRAINT check_favorite_book__isbn CHECK (isbn <> '');
```

　NOT NULL制約を付与する場合は少し構文が異なり、以下のようにします。

▶ リスト11-77 NOT NULL制約の追加

```
ALTER TABLE favorite_book
ALTER COLUMN isbn SET NOT NULL;
```

　データ型の変更と同様に、不整合の生じる変更は行えません。たとえば、すでにNULLが登録されている列に対してNOT NULL制約を付与することはできません。どうしても変更したい場合、あらかじめ不整合の生じる対象のデータを変更するか、削除しておく必要があります。

　付与されている制約を削除するには、`ADD CONSTRAINT`の代わりに **DROP CONSTRAINT** を利用します。

▶ リスト11-78 UNIQUE制約の削除

```
ALTER TABLE favorite_book
 DROP CONSTRAINT unique_favorite_book__isbn;
```

　`DROP CONSTRAINT`に続いて、制約名を指定します。制約名は作成時に付与したものを利用します。作成時に付与した制約名がわからなくなった場合、または自動的に付与された制約名の場合、メタコマンド\dを利用して、テーブルに関連する制約を確認しましょう。

▶ リスト11-79 既存の制約名の確認

```
        Table "public.favorite_book"
 Column |        Type         | Modifiers
--------+---------------------+-----------
 isbn   | character varying(13) | not null
Check constraints:
    "check_favorite_book__isbn" CHECK (isbn::text <> ''::text)
```

　`Check constraints:`以下に、CHECK制約に関する情報が記載されています。

"check_favorite_book__isbn"が制約名です。この制約名を利用して制約を削除します。

▶リスト11-80 CHECK制約の削除

```
ALTER TABLE favorite_book
 DROP CONSTRAINT check_favorite_book__isbn;
```

NOT NULL制約の削除は以下のようにします。

▶リスト11-81 NOT NULL制約の削除

```
ALTER TABLE favorite_book
ALTER COLUMN isbn DROP NOT NULL;
```

制約の追加と削除が行えました。

11-5-7 一度に複数の変更を行う

1つのテーブルに対して列の追加や変更を複数同時に行いたい場合、以下のように変更内容をカンマでつないで実施できます。

▶リスト11-82 制約の変更と列の追加を同時に行う

```
ALTER TABLE favorite_book
ALTER COLUMN isbn SET NOT NULL,
ADD COLUMN created_at BIGINT;
```

上記のリスト11-82では列の制約追加と列の追加を同時に行っています。

本節では、テーブルの変更について解説しました。テーブル変更には、テーブル名の変更や列名の変更、データ型の変更や制約の追加など、さまざま操作があることがわかりました。特にデータ型や制約を変更する際は変更前後のデータの整合性に注意する必要があります。テーブルに対する変更はシステム運用上も必要なものですので、今のうちに慣れておくとよいでしょう。

11-6

Chapter 11 | データベースとテーブルの操作

VIEWの利用

本節では、VIEWの作成と利用、削除についての解説を行います。VIEWは利用するにあたり注意点があるものの、SELECT文を簡潔にできる便利な機能です。VIEWの利用と注意点について学びましょう。

11-6-1 VIEWとは

　データベースを利用していると、頻繁に利用するSELECT文にであうことがあります。短いSELECT文であれば都度記述してもよいですが、複数のテーブルを結合したり、複雑な絞り込み条件を指定したりする場合、SQLの記述コストは無視できません。そのようなときに利用できるのが**VIEW(ビュー)** です。

　VIEWとは、SELECT文の処理結果を、あたかもテーブルが存在しているかのように利用できるようにする機能です。たとえば、**book**テーブルから書籍情報を取得する際、ジャンルIDやジャンル名をあわせて取得する機会が多かったとします。そこで、VIEW **book_genre_view** を作成します。

▶**リスト11-83** VIEWの作成

```
\c_learning_sql
CREATE VIEW book_genre_view AS
SELECT b.isbn,
       b.title,
       g.id AS genre_id,
       g.name AS genre_name
  FROM book AS b
  LEFT JOIN sub_genre AS s
    ON b.sub_genre_id = s.id
  LEFT JOIN genre AS g
    ON s.genre_id = g.id
 ORDER BY b.isbn ASC;
```

　CREATE VIEWに続けて任意のVIEWの名前を記述し、AS句に続けてSELECT文を記述します。AS句以降のSELECT文は、これまでに学んだことのある構文です。

FROM句にbookテーブルを指定し、sub_genreテーブルとgenreテーブルを外部結合しています。

作成したVIEWは、通常のテーブルのようにFROM句に指定して参照できます。

```
SELECT *
  FROM book_genre_view
 LIMIT 5;
```

実行結果は以下のとおりです。

```
    isbn    |             title             | genre_id |       genre_name
------------+-------------------------------+----------+------------------------
 4774100684 | すぐわかるC/C++                | 06       | プログラミング・システム開発
 4774100900 | Cプログラミング専門課程        | 06       | プログラミング・システム開発
 4774103217 | 実用入門 ディジタル回路と(略)  | 13       | 理工・サイエンス
 4774104329 | 新ANSI C言語辞典              | 06       | プログラミング・システム開発
 4774104671 | かんたん図解Office97          | 01       | パソコン
```

bookテーブルをベースに、ジャンルIDやジャンル名を得るには、sub_genreテーブルおよびgenreテーブルと結合する必要があります。しかし、上記のリスト11-84に示すように、JOIN句を使用せずに、FROM句にVIEWを指定するだけで目的の情報を取得できています。これがVIEWの機能です。

VIEWは通常のテーブルのように扱えると解説しました。VIEWを参照するSELECT文ではWHERE句により絞り込みもできます。

```
SELECT *
  FROM book_genre_view
 WHERE genre_id = '03'
 ORDER BY isbn
 LIMIT 5;
```

実行結果は以下のとおりです。

```
    isbn    |                title                | genre_id | genre_name
------------+-------------------------------------+----------+--------------
 4774106410 | 改訂新版 ホームページの制作          | 03       | Webサイト制作
 4774106798 | 改訂新版ホームページの上手な作り方教えます | 03       | Webサイト制作
 4774107212 | ASP実践プログラミング入門            | 03       | Webサイト制作
 4774108278 | FrontPage 2000 活用ガイド           | 03       | Webサイト制作
 4774109487 | 最新実用 HTMLタグ辞典               | 03       | Webサイト制作
```

WHERE句による絞り込みが行えました。このようにVIEWはほぼテーブルと同じ感覚で使うことができます。

11-6-2 VIEW利用の注意

VIEWは一度作成すれば、SELECT文を簡潔にできる便利な機能ですが、その裏側ではVIEW作成時に指定したSELECT文が実行されていることを忘れないでください。このことは、**EXPLAIN**を利用して実行計画を確認すればわかります。

▶ **リスト11-88** VIEWを利用したSELECT文の実行計画を確認

```
EXPLAIN
SELECT *
  FROM book_genre_view;
```

実行計画は以下のとおりです。

▶ **リスト11-89** VIEWを利用したSELECT文の実行計画を確認（実行結果）

```
                              QUERY PLAN
---------------------------------------------------------------------------
Sort (cost=653.71..667.87 rows=5664 width=484)
  Sort Key: b.isbn
  -> Hash Left Join (cost=17.11..300.63 rows=5664 width=484)
        Hash Cond: (b.sub_genre_id = s.id)
        -> Seq Scan on book b (cost=0.00..205.64 rows=5664 width=77)
        -> Hash (cost=16.30..16.30 rows=65 width=417)
        -> Hash Left Join (cost=13.82..16.30 rows=65 width=417)
            Hash Cond: (s.genre_id = g.id)
              -> Seq Scan on sub_genre s (cost=0.00..1.65 rows=65 width=8)
              -> Hash (cost=11.70..11.70 rows=170 width=412)
              -> Seq Scan on genre g (cost=0.00..11.70 rows=170 width=412)
```

実行計画には、スキャン対象のテーブルとして sub_genre テーブルや genre テーブルが含まれています。

VIEWを利用したSELECT文が簡潔なものであっても、VIEWによっては裏側では複雑で負荷の高いSELECT文が実行されているということがあり得ます。VIEWを利用する場合は、どのようなSELECT文により作成されたVIEWであるかを把握しておくようにしてください。

11-6-3 VIEWの削除

作成したVIEWは、以下のように削除できます。

▶ **リスト11-90** VIEWを削除

```
DROP VIEW book_genre_view;
```

VIEWを削除してもVIEWのもとになったテーブルへの影響はありません。ただし削除したVIEWは元に戻せないので、削除には注意してください。

Column　**VIEWの変更**

　VIEWの内容を変更したくなったらどうすればよいでしょうか。単純に内容を書き換えた CREATE VIEW を再度実行しても、VIEWがすでに存在していることを示すエラーが発生してしまいます。作成したVIEWと同じ名前のVIEWは作成できません。VIEWの内容を変更するには、以下のように CREATE に続けて OR REPLACE を記述します。

▶ **リスト11-91** 既存のVIEWを変更

```
CREATE OR REPLACE VIEW book_genre_view AS
SELECT b.isbn,
  （以下略）
```

　CREATE OR REPLACE と記述しておくことで、book_genre_view という名前のVIEWが作成されていない場合は新規作成し、作成されていた場合は内容を置き換えます。こちらはエラーなく実行できます。

本節では、VIEWについて紹介しました。データベースには、管理上の観点から独立させているものの、参照するときは結合して利用することの多いテーブルが存在します。そのような場合、テーブルをJOIN句で結合した状態のVIEWをあらかじめ作成しておくことで、情報取得時にSELECT文を簡潔にできます。注意すべき点はありますが、VIEWは便利な機能です。ぜひ活用してください。

Column　データベースと日本語

　海外発のサービスやツールを使うにあたり、いわゆる「文字化け」が発生してしまったり、そもそも入力を受け付けなかったりと日本語の扱いに悩まされる場合があります。PostgreSQLの場合、データベースの文字コードはデフォルトでUTF-8です。UTF-8はUnicodeの符号化方式の1つで、ASCIIコード（アルファベットや数値、一部記号など）との互換性に配慮しつつ、日本語を含む多言語の文字に対応した文字コードです。本書でも書籍のタイトルなど日本語を含むデータを利用しているように、PostgreSQLでは日本語を含むマルチバイト文字を扱えます。

では、データベース名やテーブル名、列名には日本語を利用できるでしょうか。PostgreSQLではいずれにも利用可能です。日本語を利用する場合、文字列を ダブルクォート（"）で囲みます。

▶リスト11-92　テーブル名や列名に日本語を利用

```sql
CREATE TABLE "書籍マスタ" (
    "ISBNコード" VARCHAR(13) PRIMARY KEY
);

SELECT "ISBNコード"
  FROM "書籍マスタ";
```

　このように日本語のテーブル名や列名を利用できますが、データベースで管理するデータ以外には原則日本語は利用しないようにします。日本語を利用しないほうがよい理由として、実用上の観点からは、ダブルクォートでくくる必要があるためにタイプ数が増えることや、RDMBSによっては一部機能に制限がかかる場合があることが挙げられます。

　ほかの観点として、システム開発やプログラミング言語、世界中で利用されるツールは英語を共通言語としており、それに倣っておいたほうが何かと都合がよいということが挙げられます。日本人による日本向けのシステムであっても、将来に海外のチームと共同で開発を行う可能性もあります。日本語をベースとして構成されたシステムでは情報伝達に支障をきたす恐れがあります。

　将来RDBMSを変更することになった場合、変更先のRDBMSがマルチバイト文字によるテーブル定義をサポートしているかどうかにも配慮しておく必要があります。マルチバイト文字が利用できるかどうかは何ともいえないところですが、アルファベットが利用できないということはまず考えられません。

　余談として、ローマ字による命名について触れておきます。文字列としては日本語でなくとも、日本語を基準として名前が決定される場合があります。

▶リスト11-93 かなによる命名

```
CREATE TABLE shoseki (
    isbn    VARCHAR(13) PRIMARY KEY,
    namae   VARCHAR(191),
    kakaku  INT
);
```

　上記のCREATE TABLEでは、テーブルに対して書籍を表す「shoseki」という命名を行いました。「命名」は人や物に対して名前を与える場合に用いられる言葉ですが、データベースにまつわる名前を決定することも命名と呼びます。書籍名は「namae」、書籍価格を「kakaku」としています。文字としてはアルファベットでありシステム上の制約を受けない命名ですが、英単語としては意味をなさないという理由から、同様に利用しないようにします。

　ただし、英語に翻訳しづらい日本語をテーブル名や列名に採用したい場合があります。ほとんどは辞書を引けば妥当な対訳が見つかりますが、日本語にしかない言葉や、翻訳することでニュアンスが大きく変わってしまう言葉もあります。そのような際は「かな」による命名を行ってもよいでしょう。

　筆者の経験上で最も困ったのは「大字（おおあざ）」です。地理情報に関するデータベースを構築する際、住所を厳密に細分化して管理する必要があり、大字を扱うケースに遭遇しました。大字とは住所の区画のことで、多くは明治時代に区画整理が行われる際に（元の町名や村名を残す目的で）付与されたものです。地理情報や行政に関する情報など、設立の歴史的経緯が国に強く依存する場合、適切な翻訳を行うことが難しい言葉が登場する傾向があります。なお、国が制定する言葉や用語の中で、参考になる対訳が公開されているものもあります。たとえば、法律に関する対訳が公開されている「Japanese Law Translation (http://www.japaneselawtranslation.go.jp/)」や、統計調査に関連する名称の英訳が公開されている「厚生労働統計調査名英訳名称一覧 (http://www.mhlw.go.jp/toukei/itiran/eiyaku.html)」などがあります。このような情報を参考にして命名を決定するのもよいでしょう。

　ちなみに「大字」については、悩みに悩んだあげく「oaza」という命名を行いました。大字に関する知識がないと、何のことだかわからないですね……。

　ここでは日本語名や「かな」に基づく命名は行わないほうがよいという見解を述べましたが、個人的に利用するデータベースであればこの限りではありませんし、日本語による命名を方針とする組織も存在します。マルチバイト文字の採用可否については何ら強要するものではないことを申し添えておきます。

索 引

索 引

[著者略歴]

池内 孝啓（いけうち たかひろ）

ITベンチャー数社、株式会社ALBERT執行役員を経て、2015年に株式会社slideshipを立ち上げ、同社代表取締役社長。株式会社SQUEEZE技術顧問。GoやPython、Reactなどによるアプリケーション開発のほか、クラウドコンピューティングやビッグデータ領域、Webデザインなどを幅広く手がける。著書に『Pythonエンジニアのための Jupyter[実践]入門』などがある。

■お問い合わせについて

本書の内容に関するご質問は、下記の宛先までFAXまたは書面にてお送りください。電話によるご質問、および本書に記載されている内容以外の事柄に関するご質問にはお答えできかねます。あらかじめご了承ください。

〒162-0846
東京都新宿区市谷左内町21-13
株式会社技術評論社　書籍編集部
「これからはじめる SQL入門」質問係
FAX 番号　03-3513-6167

なお、ご質問の際に記載いただいた個人情報は、ご質問の返答以外の目的には使用いたしません。また、ご質問の返答後は速やかに破棄させていただきます。

●カバー　　　　　　　　　　小川純（オガワデザイン）
●本文デザイン　　　　　　　小川純（オガワデザイン）
●編集・DTP　　　　　　　　リブロワークス
●担当　　　　　　　　　　　荻原祐二
●技術評論社ホームページ　　http://book.gihyo.jp/

これからはじめる SQL 入門

2018年5月13日　初版 第1刷発行

著者	池内 孝啓
発行者	片岡 巌
発行所	株式会社技術評論社
	東京都新宿区市谷左内町21-13
	電話　03-3513-6150　販売促進部
	03-3513-6160　書籍編集部
印刷／製本	図書印刷株式会社

定価はカバーに表示してあります。

本書の一部または全部を著作権法の定める範囲を超え、無断で複写、複製、転載、テープ化、ファイルに落とすことを禁じます。

©2018　池内 孝啓

造本には細心の注意を払っておりますが、万一、乱丁（ページの乱れ）や落丁（ページの抜け）がございましたら、小社販売促進部までお送りください。送料小社負担にてお取り替えいたします。

ISBN978-4-7741-9687-9　C3055
Printed in Japan